# TO**Geo**UREN

## 222 Schätze des Landes

**idee** media

NEUWIED/RHEIN

präsentiert von

Landesamt
für Geologie und Bergbau
Rheinland-Pfalz

**Landesschau**
Rheinland-Pfalz

im SWR Fernsehen

# INHALT

## Erz, Basalt und Kannenbäcker    30

### Siegerland und Westerwald

## Feuer und Wasser     60

### Eifel und Gutland

# INHALT

## Metall, Marmor und Meer     130

### Mittelrhein, Lahn und Taunus

# INHALT

# INHALT

# LEGENDE / GPS

| | |
|---|---|
| ☎ | Telefon |
| 🖨 | Fax |
| @ | Internet |
| ⏱ | Öffnungszeiten |
| km | Kilometer |
| m | Meter |
| h | Stunde |
| min | Minuten |
| t | Tonne |
| Mio | Millionen |
| ▶ | Verweis |
| 👢 | Wanderung |
| 🚲 | Radtour |
| 🎡 | Autotour |
| 🏛 | Museum |
| ⛏ | Bergwerk |
| ⚙ | Industriedenkmal |
| 🍄 | Naturdenkmal |
| 📷 | Filmbeitrag des SWR |
| » | Kurz erklärt |
| 💎 | Geologische Schätze |

▶ Film-Beiträge können im Internet unter www.landesschau-rp.de angesehen werden.

▶ Entfernungs- und Zeitangaben der Wanderungen sind Zirka-Angaben. Sie differieren je nach Wandertempo, Steigung und Abstechern.

▶ UTM-Koordinaten können in Navigationsgeräte und PC-Kartenprogramme direkt eingegeben werden.Bitte beachten Sie die Bedienungsanleitung Ihres Geräteherstellers oder Ihrer Kartensoftware.

▶ Das UTM-System (Englisch: Universal Transverse Mercator) teilt die besiedelten Zonen der Erde in 60 vertikale Streifen von sechs Längengraden bzw. maximal 800 km Breite auf. In Deutschland erfolgt derzeit ein Übergang von den Gauß-Krüger-Koordinaten auf das UTM-System.

▶ Die UTM-Punkte liegen jeweils direkt auf den Geo-Objekten. Bei Wasserflächen sind die nächstliegenden Parkplätze und bei Wanderwegen die Startpunkte angeben. Bei Tipps, die mehrere Punkte beinhalten, ist der erste genannte Punkt angegeben.

# 222 Schätze
# des Landes

## Vulkane, Wüsten
## und Meer

Die Spuren der Erdgeschichte von Rheinland Pfalz findet man überall: Sei es bei der Entdeckung von Fossilien in den Gesteinen, beim Besuch eines Schaubergwerkes oder den mannigfaltigen Gesteinsformationen entlang unserer Straßen und Wanderwege – der Blick in das Geschichtsbuch der Erde ist spannend und lehrreich zugleich. Geologie zum Anschauen und Anfassen, zum Entdecken und Erleben.

Dieses Buch lädt auf eine faszinierende und abenteuerliche Reise durch Rheinland-Pfalz ein. Sie führt uns zum glühenden Magma eines Vulkans in der Eifel, zur sengenden Hitze der Wüste in der Pfalz oder zum Raubzug eines Riesenhaies in Rheinhessen.

Meinen Mitarbeitern und dem Verlag idee media danke ich besonders für die Realisierung dieses Buches. Zum ersten Mal wird das gesamte geotouristische Potenzial eines Bundeslandes in dieser Form erschlossen. Dabei fiel die Auswahl der 222 Schätze nicht leicht, denn Rheinland-Pfalz hat natürlich noch viel mehr sehenswerte geologische Besonderheiten zu bieten!

Seit Jahren hat das Landesamt mit der Landesschau Rheinland-Pfalz eine besondere Verbindung: Die Geo TOUREN. Für jede Region haben wir daher eine Auswahl von Streifzügen getroffen, die dem Leser in Form von Tagestouren die Schönheit, Einmaligkeit und Vielgestaltigkeit der Landschaften von Rheinland-Pfalz zugänglich machen.

Mit den Geo TOUREN möchten wir Sie einladen, die vielfältige Geologie von Rheinland-Pfalz kennen zu lernen. Betrachten Sie unser Land mit den Augen des Geologen – Sie werden ungeahnte Schätze entdecken.

## Vorwort

**Prof. Dr. Harald Ehses ist Direktor des Landesamtes für Geologie und Bergbau Rheinland-Pfalz.**

# Eine Erd-Zeitreise

Als vor etwa 4,6 Milliarden Jahren die Erde entstand, setzte eine bis heute anhaltende Entwicklung ein. Im Verlauf der Erdgeschichte haben die Kontinente und Ozeane ihr Aussehen mehrfach verändert: Es entstanden riesige Superkontinente, die in einzelne Schollen zerbrachen. Neue Ozeane füllten die Zwischenräume aus, um beim nächsten Zusammenstoß der Kontinente wieder zu verschwinden. Es ist ein ständiges Werden und Vergehen.

Rheinland-Pfalz besteht aus einem Mosaik verschiedener Gesteine unterschiedlicher Epochen der Erdgeschichte. Fast die gesamte nördliche Hälfte des Landes wird von Ablagerungen aus der Zeit des Devon gebildet. Ältere Gesteine sind nur im Hunsrück und an der Haardt vorhanden. Die Gesteine des Perm und Karbon treten im Saar-Nahe-Bergland und der Wittlicher Senke zutage. Der aus der Trias stammende Buntsandstein findet sich im Pfälzerwald und der Trierer Bucht. Gesteine des Jura sind vor allem im Gutland der Eifel verbreitet. Ablagerungen aus dem Tertiär und Quartär schließlich füllen den Oberrheingraben, das Mainzer Becken und das Mittelrheinische Becken. In den Vulkangebieten von Eifel und Westerwald treten vulkanische Gesteine aus den gleichen Zeiten auf.

In Rheinland-Pfalz beginnt die Erdgeschichte vor etwa 570 Mio. Jahren mit durch Druck- und Temperatureinfluss stark über-

## Erdgeschichte im Zeitraffer

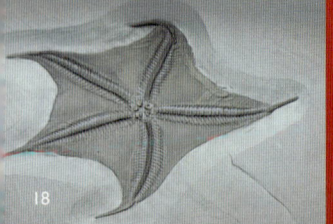

**»** **Fossiler Schlangenstern** Dass zur Zeit des Devon im heutigen Bereich des Rheinischen Schiefergebirges ein Meer wogte, beweisen die fossilen Reste von Meeresbewohnern.

prägten Gesteinen am heutigen Haardt-Rand und am Huns-
rück-Südrand. Diese sind somit die ältesten steinernen Zeugen
der Erdgeschichte des Landes.

Das Rheinische Schiefergebirge: Im Devon bildeten Europa **DEVON**
und Nordamerika einen Großkontinent, der am Äquator ■ -417 Mio.
lag. Die durch das Wüstenklima hervorgerufene Rotfärbung der
verwitternden Gesteine hat dem Kontinent den Namen „Old
Red" eingetragen. In Deutschland reichte der Old Red-Kontinent
von Norden her etwa bis Köln und Hannover. Dort, wo heute
Hunsrück, Taunus, Eifel und Westerwald liegen, erstreckte sich ein
durch Inseln und Vulkanberge gegliedertes Meer. Südlich von Mainz
und Saarbrücken lag eine langgestreckte Insel, die Mitteldeutsche
Schwelle.

Die Ablagerungen des Devon entstanden vor allem im flachen
Meerwasser. Es bildeten sich tonige Sedimente sowie Kalke.
Zur Meereslandschaft gehörten Lagunen, Riffe und Vulkane, die
teilweise als Inseln aus dem Meer ragten. Flüsse transportierten
große Mengen Sediment ins Meer oder lagerten diese in groß-
en Deltas ab. Am Schelfrand wuchsen Riffe, die lokal mächtige
Kalkablagerungen hinterließen (wie in der West-Eifel). Riffe dieser
Größenordnung sind mit dem heutigen Great Barrier Reef an der
Nordost-Küste Australiens vergleichbar. Kleinere Riffe bauten sich
an den Flanken küstenferner Vulkane auf (beispielsweise im Lahn-
Gebiet).

Während sich der Old Red-Kontinent im Norden und der Gond-
wana-Kontinent im Süden auf einander zu bewegten, nahm der
dazwischen liegende Ablagerungstrog in Mitteleuropa bis zu zehn
Kilometer mächtige Sedimente auf. In Folge der Kontinent-Kollisi-
on entstand das so genannte Variskische Gebirge.

In der darauf folgenden Zeit des Karbon rückten die **KARBON**
Kontinente der Nord- und Südhalbkugel zum riesigen ■ -358 Mio.
Großkontinent Pangäa zusammen. Sein größter Teil lag am Äqua-
tor in tropisch-subtropischem Klima. Hier entstanden aus den
Überresten einer üppigen Urwald-Vegetation die heutigen Stein-

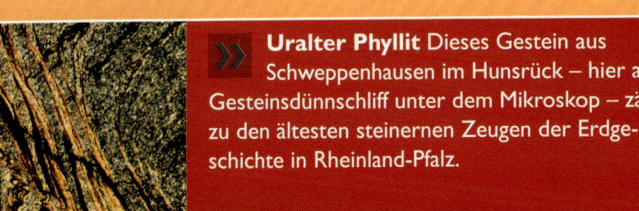

**Uralter Phyllit** Dieses Gestein aus
Schweppenhausen im Hunsrück – hier als
Gesteinsdünnschliff unter dem Mikroskop – zählt
zu den ältesten steinernen Zeugen der Erdgeschichte in Rheinland-Pfalz.

kohle-Vorkommen. Die Kontinente wanderten schließlich langsam nach Norden.

Während des späten Karbon und des frühen Perm entstanden ausgedehnte Senken, die den Abtragungsschutt des Variskischen Gebirges aufnahmen. Im Saar-Nahe-Becken kamen so insgesamt 8.000 m mächtige Sedimente zum Absatz. Zu Beginn war eine ausgedehnte Seen- und Flusslandschaft mit üppiger Vegetation unter warm-feuchtem Klima vorhanden. Später wurden die Seen durch mächtige Flussdelta-Ablagerungen verfüllt. Gleichzeitig veränderte sich das Klima von tropisch-feucht zu trocken-warm. Indiz dafür ist die Rotfärbung der Ablagerungen, deshalb wird diese Zeit auch Rotliegend genannt.

Das Perm war auch eine Zeit großer magmatischer Ereignisse: Glutflüssige Gesteinsschmelze, so genanntes Magma, gelangte nahe unter die Erdoberfläche. Im Saar-Nahe-Becken bildeten sich dabei einige domförmige Magmenkörper, die ein Volumen von 20 bis 40 km³ erreichten, wie beispielsweise das Donnersberg- und das Kreuznacher Rhyolith-Massiv, die noch heute eindrucksvoll das Landschaftsbild prägen. Explosive Eruptionen spien Dampf und vulkanische Aschen. Letztere haben sich in verfestigter Form als Tuffe bis heute erhalten. Im Raum Baumholder – Idar-Oberstein bildeten dünnflüssige, basaltische Laven eine bis zu 1.000 m mächtige Abfolge zahlreicher Lavadecken.

Gegen Ende des Perm entstanden weltweit die größten Massen an Salzgesteinen der gesamten Erdgeschichte: Im Zechstein stieß das Meer über die Nordsee nach Süden vor und markierte die Entstehung des großen Mitteleuropäischen Beckens. In der Pfalz sind randliche Ablagerungen des Zechstein-Meeres vorhanden.

**Lava aus der Permzeit.**

## Erdgeschichte im Zeitraffer

»» **Riffe an der Lahn** Zur Devon-Zeit bildeten Rifforganismen mächtige Kalksteinablagerungen, deren Fossilinhalt und Struktur (▶ Foto) eindeutige Hinweise auf ihre Entstehungsgeschichte geben.

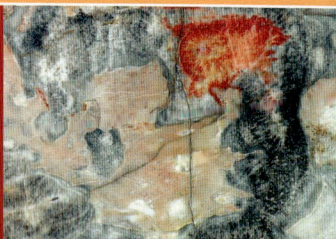

# Geologische Karte von Rheinland-Pfalz

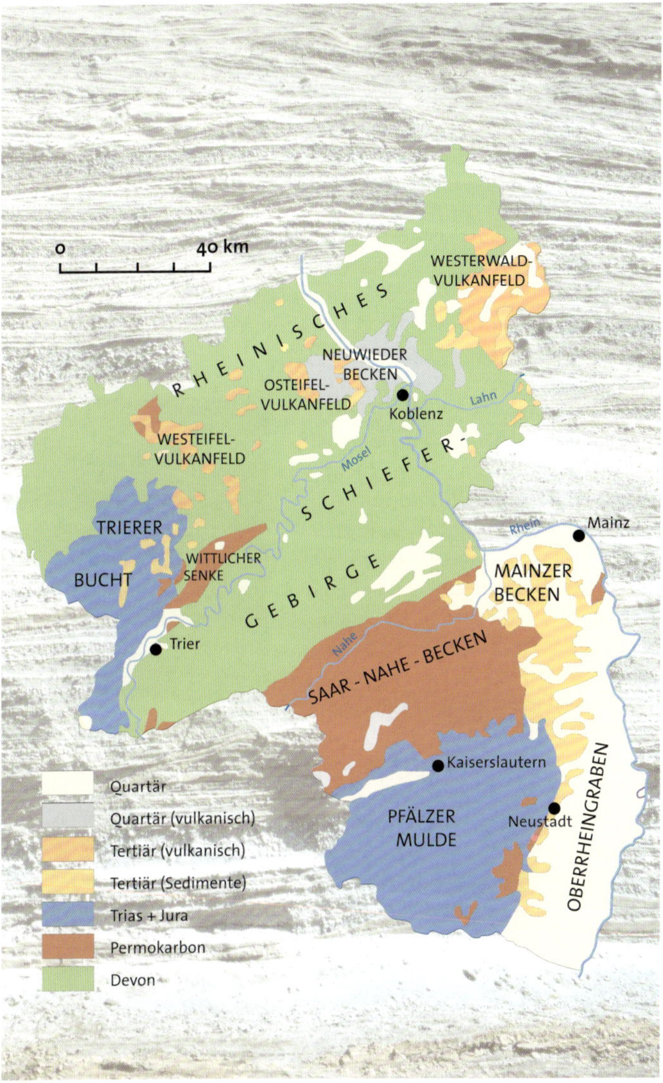

o ___ 40 km

WESTERWALD-
VULKANFELD

R H E I N I S C H E S

NEUWIEDER
BECKEN

OSTEIFEL-
VULKANFELD

Koblenz

Lahn

S C H I E F E R -

WESTEIFEL-
VULKANFELD

Mosel

TRIERER
BUCHT

WITTLICHER
SENKE

G E B I R G E

Mainz

Rhein

MAINZER
BECKEN

Trier

Nahe

SAAR - NAHE - BECKEN

Kaiserslautern

O B E R R H E I N G R A B E N

PFÄLZER
MULDE

Neustadt

| | Quartär |
| | Quartär (vulkanisch) |
| | Tertiär (vulkanisch) |
| | Tertiär (Sedimente) |
| | Trias + Jura |
| | Permokarbon |
| | Devon |

>> **Lahnmarmor** Die Riffkalke
des Lahngebietes wurden
früher als begehrte Werk- und Bau-
steine gewonnen. Obwohl sie als
Lahnmarmor bezeichnet werden,
sind es keine Marmore im geologischen Sinn sondern Kalksteine.

21

## TRIAS

■ -251 Mio.

Mit der Trias begann ein neuer Abschnitt der Erdgeschichte, das Erdmittelalter. Der Buntsandstein als ältestes Zeitalter der Trias ist wesentlich geprägt durch rote Sedimente. Das Meer stieß allmählich von Norden über die Hessische und Thüringische Senke vor. Im Inneren der absinkenden Pfälzer Mulde kam es zur Ablagerung von 500 m mächtigen sandig-konglomeratischen Sedimenten. Die ältesten Absätze dokumentieren ein Wüstenmilieu mit temporären Flüssen, die jüngeren Gesteine wurden überwiegend von zeitweise sehr wasserreichen Fluss-Systemen abgelagert. Die Vegetation war spärlich, Pflanzenreste und Fährten früher Saurier sind daher sehr selten. Noch heute beeindrucken die durch die Erosion herauspräparierten mächtigen Felsbildungen dieser Gesteine im Landschaftsbild der Pfalz.

Zu Beginn der Muschelkalk-Zeit drang das so genannte Tethys-Meer von Süden bis in die Trierer Bucht und die Eifel vor. Während seiner Rückzugsphase im mittleren Muschelkalk kam es zur Ablagerung von Tonen und der Ausfällung von Gips. Pflanzenreste weisen auf Landnähe hin. Dann stieg der globale Meeresspiegel wieder an und es wurden Kalke und Dolomite gebildet. Die Trierer Bucht war ein eigenständiges, zeitweise isoliertes Meeresbecken.

Die Sedimente des Keuper bildeten sich in einem flachen Meeresküstenbereich. Die Trierer Bucht war durch ein inselartiges Festland vom großen Mitteldeutschen Becken getrennt. In der Bucht wurden bunt gefärbte Sande, Tone und Mergel in einem marin-lagunären bis Fluss- und See-Milieu abgelagert.

Ablagerungen der Trias.

## Erdgeschichte im Zeitraffer

» **Steinreich** In Gasblasen der permischen Lava bildeten sich herrliche Kristalle wie dieser Amethyst. Die Vorkommen begründeten die Idar-Obersteiner Edelsteinindustrie.

Bereits im Jura entwickelten die Kontinente und Ozeane JURA
annähernd ihre heutige Gestalt. In Mitteleuropa bestan- ■ -200 Mio.
den ausgedehnte Flachmeere, aus denen nur die Rheinisch-Ar-
dennische Insel und die Vogesen-Schwelle aufragten. Die Gesteine
dieses Zeitalters enthalten meist zahlreiche Fossilien wie die
bekannten Ammoniten. In Rheinland-Pfalz sind Gesteine des Jura
nur an wenigen Stellen erschlossen, so in der Trierer Bucht und im
Gutland.

Ablagerungen der Kreide fehlen in Rheinland-Pfalz. Das KREIDE
Zeitalter ist jedoch als das der Dinosaurier wohl bekannt. ■ -142 Mio.
An der Wende zum Tertiär verschwanden zahlreiche Tier- und
Pflanzenarten von der Erde und wurden durch andere ersetzt. Eine
Hypothese bringt dieses dramatische Artensterben, dem auch die
Saurier zum Opfer fielen, mit dem Einschlag eines großen Meteo-
riten auf der mexikanischen Yucatán-Halbinsel in Verbindung.

Im Tertiär hatten die Kontinente und Ozeane ihre heu- TERTIÄR
tige Form und Position erreicht. Durch eine weltweite ■ - 65 Mio.
Gebirgsbildung waren die Alpen, die Pyrenäen, der Himalaya,
die Anden und die Rocky Mountains entstanden. Schon lange
bestand in der Erdkruste Europas eine Schwächezone, die vom
Mittelmeer bis in die südliche Nordsee reichte. Durch eine Auf-
wölbung des Erdmantels zerbrach die Kruste und bewegte sich
auseinander: Der Oberrheingraben entstand. Er erstreckt sich
über eine Länge von 300 km und eine Breite bis etwa 36 km von
der Gegend um Basel bis an den Taunus-Südrand. Seine Entstehung begann vor etwa 55 Mio. Jahren. Auch heute sinkt er noch
mit 0,7 mm/Jahr ab. Bereichsweise wurden über 3.000 m mächtige tonige und mergelige Sedimente abgelagert. Im weiteren
Verlauf des Tertiär überflutete das Meer sogar weite Teile der
Randgebirge, bevor es sich wieder zurückzog. Mächtige Ausfäl-
lungen von Anhydrit und Steinsalz im Graben dokumentieren
ein zunehmend trockenes Klima mit starker Verdunstung, ähnlich
wie am heutigen Toten Meer.

In der Folge machten sich zunehmend Süßwasserzuflüsse im
Oberrheingraben-Gewässer bemerkbar, wobei zeitweise eine nach

**Urlurch** Der bis 20 cm mes-
sende Kiemensaurier Microme-
lerpeton credneri lebte in den Seen
des Perm vor etwa 296 bis 251 Millionen Jahren.

23

**Fossiles Seekuhskelett aus der Tertiärzeit.**

Süden bis Landau reichende Seenplatte bestand. Die Sedimentationsgeschichte des Tertiär im Oberrheingraben endet mit dem ersten Auftreten von Geröllen aus dem Alpenraum, die auf die Existenz eines Ur-Rheins hinweisen. Internationale Berühmtheit erlangten im Mainzer Becken die Dinotherien-Sande durch Funde gut erhaltener Säugetierreste.

In weiten Teilen des Westerwaldes wurden im Tertiär Tone abgelagert. Es sind die reinsten, hochwertigsten und mengenmäßig größten Tonvorkommen Europas, welche die Entstehung eines überregional bedeutenden Keramik-Handwerks bis hin zur Entwicklung der heutigen industriellen Fertigung begründeten.

Während des Tertiär entstand in Mitteleuropa ein 700 km langer Bogen aus Vulkangebieten von der Eifel über Westerwald, Vogelsberg, Rhön, Oberpfalz bis nach Niederschlesien. Die Kollision der Kontinentalplatten Afrika und Eurasien führte nicht nur zur Auffaltung der Alpen und zur Grabenbildungen in Europa, sondern verursachte auch den Vulkanismus in Westerwald und Eifel während des Tertiär und Quartär.

QUARTÄR
■ -2,6 Mio.

Die klimatischen Veränderungen zu Beginn der jüngsten Epoche der Erdgeschichte, dem Quartär, mit dem Wechsel von Kalt- (Eis-) und Warmzeiten haben bis heute ihre Spuren in der Landschaft hinterlassen. Das Quartär gilt landläufig als „das Eiszeitalter", obwohl es nur eines von mehreren in der Erdgeschichte ist: Zeugnisse älterer Kaltzeiten sind aus dem Präkambrium, dem Ordovizium sowie dem Perm und Karbon bekannt. Fossile Reste von Mammut und Wollnashorn sind typische

## Erdgeschichte im Zeitraffer

**Das Mainzer Becken**
ist ein nahezu dreieckiges „Anhängsel" des Oberrheingrabens im Nordwesten. Hier sind die Ablagerungen aus der Zeit des Höchststandes des weltweiten Meeresspiegelanstiegs vieler-

| Zeit-skala in Mio.J. | System | Serie | Beginn vor Mio. Jahren | Ereignisse in der Erdgeschichte |
|---|---|---|---|---|
| 0 | Quartär | Holozän | 0,01 | |
| | | Pleistozän | 2,6 | Eiszeiten, erste Menschen |
| | Tertiär | Pliozän | 5 | |
| | | Miozän | 23,8 | |
| | | Oligozän | 34 | |
| 50 | | Eozän | 55 | Entfaltung der Säugetiere und Vögel |
| | | Paläozän | 65 | |
| 100 | Kreide | Ober | | Aussterben der letzten Dinosaurier |
| | | Unter | 142 | |
| | Jura | Malm | | Erste Vögel |
| | | Dogger | | |
| 200 | | Lias | 200 | Entfaltung der Reptilien |
| | Trias | Keuper | | |
| | | Muschelkalk | | |
| | | Buntsandstein | 251 | Erste Säugetiere |
| | Perm | Zechstein Rotliegend | 296 | |
| 300 | Karbon | Ober | | Erste Reptilien |
| | | Unter | 358 | |
| | Devon | Ober | | Erste Amphibien |
| | | Mittel | | |
| 400 | | Unter | 417 | |
| 450 | Silur | | 443 | Erste Landlebewesen |
| | Ordoviz | Ober | | Erste Fische |
| 500 | | Unter | 495 | |
| | Kambrium | Ober | | Explosionsartige Verbreitung des Lebens in Flachmeeren |
| | | Mittel | | |
| 550 | | Unter | 545 | |
| | Proterozoikum | | | Erster freier Sauerstoff in der Atmosphäre |
| 2500 | | | 2500 | |
| | Archaikum | | | |
| 3800 | | | 3800 | Erste Erdkruste |
| | | | 4600 | Entstehung der Erde als Feuerball |
| 5000 | | | | |

Die Erdzeitalter und die Entwicklung des Lebens auf der Erde.

orts anzutreffen. Der Küstenverlauf lässt sich noch heute an Hand von Kiesen und Sanden verfolgen. Aus dem westlichen Mainzer Becken ragte ein Inselarchipel aus dem Meer. Die Sedimente dieser Zeit sind reich an Fossilien, wie beispielsweise Muscheln, Schnecken, Seekuh-knochen und Haifischzähnen.

Anzeichen für Kaltzeiten, Reste von Waldelefant und Flusspferd belegen Warmzeiten.

Während der Kaltzeiten wurde vor allem das Mainzer Becken von mächtigen Löß-Ablagerungen überdeckt. Als Löß wird kalkhaltiger, durch Wind abgelagerter Staublehm bezeichnet. Flugsand hat im Oberrheingraben und im Mainzer Becken große Dünenfelder aufgebaut.

Die anhaltende Absenkung des Oberrheingrabens und die gleichzeitige Hebung des Rheinischen Schiefergebirges steuerten die Talentwicklung, bei der sich die Flüsse und Bäche tief ins Gebirge einschnitten. Sie hinterließen dabei treppenartig gestufte, mit Geröllen bedeckte Flächen, die Terrassen. Während des Quartär entstand die heutige Oberflächengestalt.

Im Quartär kam es aber auch erneut zu intensiver vulkanischer Aktivität in der Ost- und West-Eifel. Dabei bildeten sich neben Schlackenkegeln und Lavaströmen auch Maare und Bimsvulkane. Die aktive Phase begann vor rund einer Million Jahren. Die jüngste Vulkantätigkeit liegt nur 12.900 beziehungsweise 10.000 Jahre zurück, als die Feuerberge des Laacher Sees und des Ulmener Maars zuletzt aktiv waren.

## Erdgeschichte im Zeitraffer

>> **Geotope** sind erdgeschichtliche Bildungen, die Erkenntnisse über die Entwicklung der Erde oder des Lebens vermitteln. Schutzwürdig sind diejenigen Geotope, die sich durch ihre besondere erdgeschichtliche Bedeutung, Seltenheit, Eigenart oder Schönheit auszeichnen.

Bimsablagerung des Laacher See-Vulkans.

**Edelstein der Eifel** Beim Ausbruch des Laacher See-Vulkans wurde auch das tiefblaue Mineral Hauyn gebildet und im Zuge der Eruption an die Erdoberfläche befördert.

# REGIONEN VON
# RHEINLAND-PFALZ

Die geologische Vielfalt von Rheinland-Pfalz spiegelt sich in seinen Landschaften wieder. Mittelgebirge und Flusslandschaften, Wälder und Weinberge prägen den unverwechselbaren Charakter des Landes. Aus der geologisch jungen Oberrhein-Ebene kommend durchfließt der Rhein von Bingen bis Bonn das Rheinische Schiefergebirge in einem eindrucksvollen Durchbruchstal und tritt dann in die Niederrheinische Bucht ein. Westlich des Rheins liegen die von Belgien herüberreichenden östlichen Ardennen sowie die Eifel; nach Süden schließen sich das Moseltal und der Hunsrück an. Die Mosel trennt hier die Landschaften von Ardennen und Eifel vom Hunsrück. Südlich des Hunsrücks folgen das Saar-Nahe-Bergland und der Pfälzerwald. Östlich des Rheins reicht das Bergisch-Sauerländische Gebirge von Nordrhein-Westfalen her ins Landesgebiet; nach Süden folgen der Westerwald und der westliche Teil des Taunus (Hintertaunus). Das Siegtal trennt das Bergisch-Sauerländische Gebirge vom Westerwald, das Lahntal den Westerwald vom Taunus.

Ausgehend von ihren geologischen und naturräumlichen Eigenschaften unterscheiden wir für unsere Geo-Streifzüge folgende Regionen, die alle ihre ganz eigenen Besonderheiten besitzen:

*Erz, Basalt und Kannenbäcker:* **Siegerland und Westerwald**
*Feuer und Wasser:* **Eifel und Gutland**
*Metall, Marmor und Meer:* **Mittelrhein, Lahn und Taunus**
*Stein und Wein:* **Hunsrück und Moseltal**
*Glitzernde Kristalle & gigantische Kletterfelsen:* **Saar, Nahe und Pfalz**
*Rhein-Wein/Kies/Gold:* **Mainzer Becken und Oberrheinebene**

## Regionen

>> **Einzig – und gar nicht artig**
Die Eifelmaare sind ein geologisches Wahrzeichen von Rheinland-Pfalz. Ihre Entstehungsgeschichte ist im wahren Wortsinn explosiv und ungestüm.

## Siegerland und Westerwald

💎 31

## Mittelrhein, Lahn, Taunus

💎 17

## Eifel und Gutland

💎 88

## Hunsrück und Moseltal

💎 21

## Mainzer Becken/Oberrheinebene

💎 19

## Saar-Nahe-Pfalz

💎 45

**» Mikrokosmos von Weltrang**
Minerale aus Rheinland-Pfalz sind weltbekannt und in nahezu allen Sammlungen von internationalem Rang vertreten. Einige davon wurden bislang nur hier gefunden.

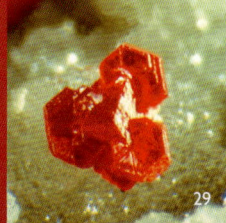

Erz ► 34

Basalt ► 49

Ton ► 53

**Druidenstein bei Kirchen (Sieg).**

# Siegerland – Westerwald

## 💎 31 Schätze des Landes entdecken

► 10 Wanderungen    ► 4 Naturdenkmäler

► 8 Museen    ► 4 Industriedenkmäler

► 6 Bergwerke

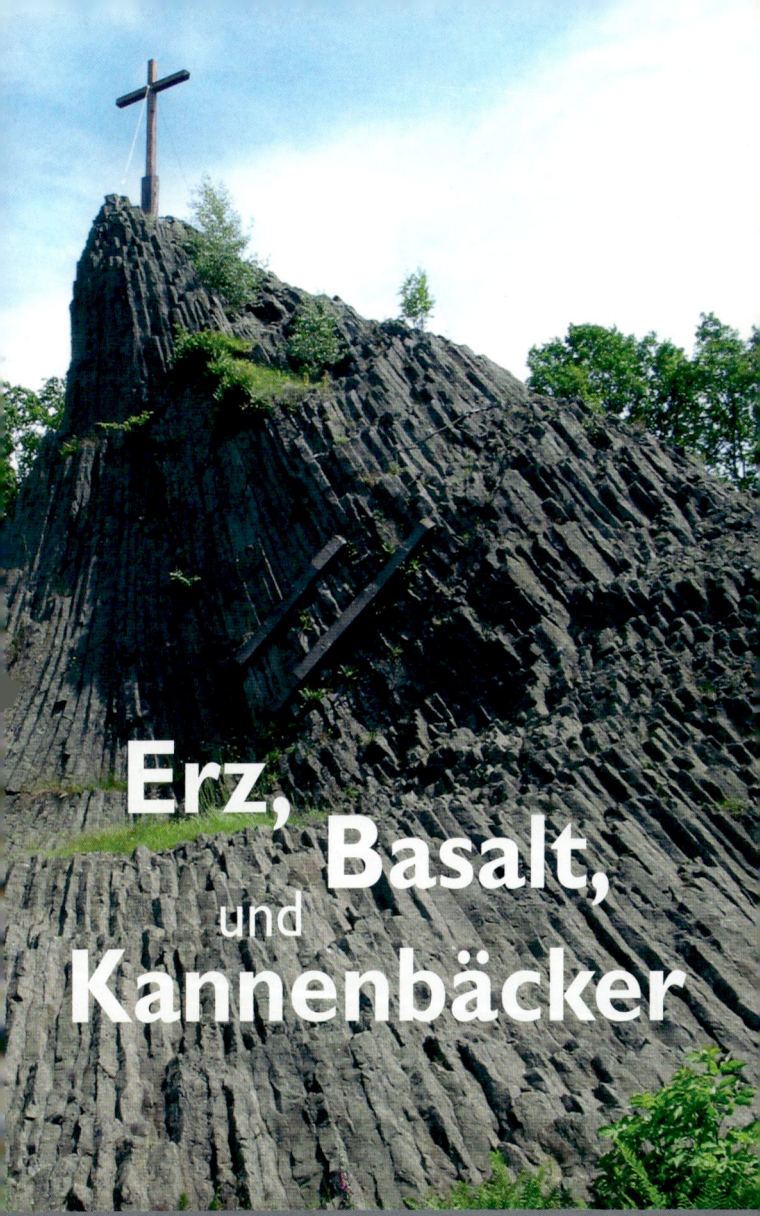

# Erz, Basalt, und Kannenbäcker

Rauh und reizvoll ist die Landschaft, steinalt ihre Geschichte: Erz, Basalt und Ton sind die besonderen geologischen Schätze zwischen Lahn, Rhein und Sieg. Spannend sind die Reisen ins Erdinnere aufgelassener Bergwerke, fantastisch die Aufstiege zu erstarrtem Vulkangestein und interessant die Streifzüge zu den Ton-Künstlern.

**Basaltabbau am Stöffel.**

Nur ein kleines Areal des Siegerlandes greift von Nordrhein-Westfalen her auf das rheinland-pfälzische Gebiet des Rheinischen Schiefergebirges über und bildet den nördlichsten Teil unseres Bundeslandes. Das Siegerland ist eine durch zahlreiche Täler und 300 bis 500 m hoch gelegene Bergrücken charakterisierte Landschaft. Sie wird geologisch durch Ablagerungen aus dem Erdzeitalter des Devon dominiert. Tonschiefer, Grauwacken und Sandsteine sind verfestigte und gefaltete Ablagerungen eines hier vor etwa 400 Millionen Jahren wogenden Meeres. Geologisch jüngere Basalte aus dem Tertiär durchschlagen an vielen Stellen das Grundgebirge. Sie bilden wegen ihrer Verwitterungsbeständigkeit häufig Bergkuppen und tragen so zum Landschaftsbild bei. Die Basalte waren und sind begehrte Rohstoffe.

Berühmt war das Siegerland aber wegen eines anderen Rohstoffes: „Glückauf" – so erschallte hier bis in das Jahr 1965 der Bergmannsgruß. Eisenerz war der Schatz, den die Erde hier verborgen hielt und der über mehr als zwei Jahrtausende abgebaut wurde. Das Siegerländer Eisenerzrevier, das sich bis in den Westerwald zieht, war zeitweise der wichtigste deutsche Eisenerzlieferant. Unzählige Schächte und Stollen wurden auf der Suche nach Eisen niedergebracht und vorgetrieben. Eine ganze Region war durch den Bergbau geprägt. Heute sind die Anlagen fast gänzlich verschwunden. Nur noch wenige sichtbare Zeugen erinnern an die ehemalige Industrielandschaft. Einer unserer Streifzüge wandelt auf den Spuren dieser Bergbautradition.

Der südlich angrenzende Westerwald wird naturräumlich in den Oberwesterwald, den Hohen Westerwald und den Niederwesterwald unterteilt. Wie im Siegerland bilden Gesteine des Devon das Grundgebirge. Landschaftsprägend sind die Zeugen des tertiären Vulkanismus, der vielerorts vulkanische Gesteine (Basalte, Tra-

# Geologie & Landschaft
## SIEGERLAND UND WESTERWALD

chyte) bildete. Der Hohe Westerwald ist eine wellige, von Basalten unterlagerte Hochfläche mit vermoorten Talmulden, die an den Rändern stärker zertalt ist. Der Oberwesterwald umschließt den Hohen Westerwald im Süden und Westen. Seine Hochfläche ist von den zur Lahn hin entwässernden Bächen zerschnitten. Im Südteil sind eiszeitliche Lößdecken verbreitet, die durch Staubstürme herangeweht wurden. Die tief zertalten Hochflächen des Niederwesterwaldes sind überwiegend bewaldet.

Im Tertiär kam es in weiten Teilen des Westerwaldes zum Absatz von Tonen in ausgedehnten Seen. Es sind die reinsten, hochwertigsten und mengenmäßig größten Tonvorkommen Europas. Sie begründeten hier die Entstehung eines überregional bedeutenden Keramik-Handwerks bis hin zur Entwicklung der heutigen industriellen Fertigung. Der Name Kannenbäckerland zeigt die Bedeutung dieser geologischen Besonderheit auch im allgemeinen Sprachgebrauch. Das Auftreten von Braunkohle weist darauf hin, dass diese tertiäre Seenlandschaft wiederholt verlandete. Auch das Meer reichte im Tertiär zeitweise bis in den Westerwald. Es hinterließ Ablagerungen wie Quarzkiese, Sande und bunte Tone, die zum Teil ebenfalls als Rohstoffe genutzt werden.

Die geologischen Streifzüge im Westerwald führen in eine sprichwörtlich rauhe, aber reizvolle Landschaft voller geologischer Besonderheiten. Sie umfassen den Weg von der Tongrube zur High-Tech-Keramik, bringen uns zu Basalt und Braunkohle sowie zur berühmten „fliegenden Maus" vom Stöffel (▶ Seite 50).

**Bergkristall auf Spateisenstein.**

Im Jahre 1965 drehten sich zum letzten Mal die Räder über den Förderschächten der Gruben „Füsseberg" in Daaden-Biersdorf und „Georg" in Willroth. Der traditionsreiche Eisenerz-Bergbau im Siegerland-Wied-Distrikt war erloschen.

Begonnen hatte die Geschichte des Eisenerzes schon im Erdzeitalter des Devon, vor etwa 400 Millionen Jahren. Damals wogte über weiten Teilen des heutigen Mitteleuropa ein riesiges Meer. Seine Ablagerungen – Sand und Tonschlamm – verfestigten sich im Laufe der Erdgeschichte zu Sandstein und Tonstein, bevor sie zum Rheinischen Schiefergebirge gefaltet wurden. Bei dieser Gebirgsbildung vor etwa 350 Millionen Jahren rissen Spalten und Klüfte im Gestein auf, durch die aus der Tiefe heiße, mineralhaltige Wässer aufstiegen.

Beim Abkühlen setzten die Wässer ihre gelöste Mineralfracht ab, die Spalten wurden mit Erzen und anderen Mineralen ausgefüllt. So entstanden die Eisenerzgänge des Siegerlandes. Bis in etwa 1.300 m Tiefe drangen die Bergleute über Stollen und Schächte vor und rangen dem Berg den begehrten Spateisenstein ab.

## Siegerland – Westerwald

**»** **Spateisenstein** auch Eisenspat genannt, ist ein Eisenkarbonat ($FeCO_3$). Sein mineralogischer Name lautet Siderit. Siderit war das Haupterzmineral der Siegerländer und Westerwälder Eisenerzlagerstätten ( ▶ Foto rechts).

## 1 Bergbaumuseum

UTM 32423637 5624831

Das Kreisbergbaumuseum in **Herdorf-Sassenroth** ist Ausgangspunkt einer Zeitreise. Im originalgetreu eingerichteten Schaubergwerk tauchen Besucher in die Welt der Bergleute ein. Eine umfangreiche Ausstellung im Erdgeschoss vermittelt Wissenswertes zu Geologie und Bergbaugeschichte, bevor im oberen Stockwerk die kristallenen Schätze des einheimischen Untergrundes vorgestellt werden. Sonderveranstaltungen bieten die Möglichkeit, auf den Halden stillgelegter Gruben nach Mineralen zu suchen und die Funde im Museum unter dem Mikroskop zu bestaunen. In der Außenanlage stehen ein 15 m hoher Förderturm mit Maschinenhaus sowie Großgeräte des Siemens-Martin-Stahlwerks der Charlottenhütte. Landwirtschaftliche Geräte sowie der Nachbau eines Kohlemeilers runden die Ausstellung ab.

**Bergbaumuseum Sassenroth.**

## 2 Grubenwanderweg

UTM 32427115 5621306   ▶18 km ▶ 5h 10min

Der Weg ist durchgehend mit dem Themenzeichen „Schlägel und Eisen" markiert. Er beginnt mitten in **Daaden** am Bürgerhaus und Heimatmuseum. Die erste Station ist der Hohenseelbachskopf, ein einst großer Basaltkegel mit herrlichen Basaltsäulen. Der Krater der Mahlscheid, wo früher ebenfalls Basalt abgebaut wurde, ist der nächste Halt. Unweit gelegen ist die so genannte „Blaue Halde" als Rest der stillgelegten Grube „Alte Mahlscheid". Im Sottersbachtal stehen noch Gebäude der 1962 stillgelegten Grube „San Fernando" (▶ Seite 37). Der Wanderweg verläuft weiter auf der Trasse

**Grubenwanderweg Daaden.**

## Infos

■ *Bergbaumuseum des Kreises Altenkirchen*, Schulstraße 13, 57562 Herdorf, ☎ 02744/6389, @ bergbaumuseum-kreisak@t-online.de, www.kreis-altenkirchen.de, www.herdorf.de, ☉ täglich außer Mo 10 – 12 und 14 – 17 Uhr. Gruppenführungen, Exkursionen, Kindergeburtstage nach Voranmeldung.
■ *Grubenwanderweg Daaden*, @ www.daaden.de

einer Schmalspurbahn zur Friedrichshütte in Herdorf. Schließlich führt die Wanderung am Bergbaumuseum Sassenroth vorbei zum letzten großen Zeitzeugen der alten Bergbaugeschichte Daadens, dem zweiteiligen Stollenportal der ehemaligen Grube „Füsseberg".

## 3 Heimatmuseum

UTM 32 427134 5621253

Das Heimatmuseum ist in der „Alten Post" in **Daaden**, dem heutigen Bürgerhaus, untergebracht. Es stellt die Geschichte des Bergbaus im Daadener Land, die Haubergswirtschaft sowie die Flachs- und Getreideverarbeitung dar. Weiter gibt es Informationen zur Ortsgeschichte, über das Schloss Friedewald und das Museumsgebäude selbst.

## 4 Grubenwanderweg

UTM 32 426730 5625944

▶22 km ▶ 6h 20min

Der Grubenwanderweg in **Herdorf** ist mit dem Grubenwanderweg Daaden verbunden oder abschnittsweise identisch. Die Stadt Herdorf besaß im Siegerländer Wirtschaftsraum die größte Anzahl an Bergwerken mit den höchsten Förderleistungen. Vom Beginn der modernen Maschinenförderung 1853 bis zur Schließung der letzten Herdorfer Grube im Jahr 1962 wurden hier 60 Millionen Tonnen Eisenstein gefördert. Die Rundwanderung (Markierung „Grubenwanderweg Herdorf" und Zeichen „Schlägel und Eisen") kann in zwei

Die Rote Zeche.

Etappen aufgeteilt werden, mit Unterbrechung in Sassenroth oder an der Grube „Königsstollen". Von der ehemaligen Post in Herdorf geht es in südlicher Richtung zur Grube „Wolf" unterhalb der Mahlscheid. Die Grube „Wolf" wurde berühmt durch hervorragende Funde von rosafarbenen Manganspatkristallen, die in jeder bedeutenden Mineraliensammlung der Welt anzutreffen sind. Der Weg führt weiter zu den Häusern „Kleins Brecher". Hier wurde

## Siegerland – Westerwald

■ *Heimatmuseum Daaden*, *Im Schützenhof 6, 57567 Daaden,* ✆ *02743/6823 oder 6102,* @ *www.daaden.info,* ⏰ *Mi 16 – 18 Uhr, 1. So im Monat 15 – 18 Uhr, Führungen von Gruppen nach Voranmeldung.*
■ *Grubenwanderweg Herdorf,* @ *www.herdorf.de*

Basalt vom Hohenseelbachskopf gebrochen und per Grubenbahn zum Bahnhof Herdorf gebracht. Durch das Sottersbachtal geht es zur Grube „San Fernando" und weiter zur Grube „Friedrich Wilhelm". Entlang der Immenstraße wandern wir an zwei schön gelegenen Weihern zur Bölleseiche und zur Wallfahrtstation unterhalb der Hachenburger Höhe. Später treffen wir oberhalb von Sassenroth auf die Grube „Harmonie" und das Bergbaumuseum in Sassenroth. Nächste Station ist die Grube „Königsstollen" und im weiteren Verlauf erreichen wir die Grubenfelder „Rote Zeche" und „Viktor-Emanuel." Am Anfang des Tales ist noch die Trasse der ehemaligen Grubenbahn der Grube „Königsstollen" (erste elektrisch betriebene Grubenbahn im Siegerland) zu erkennen. Auf dem ehemaligen Grubenfeld der „Roten Zeche" ist eine Grubenlore aufgestellt und ein Stollenmundloch nachgebildet. Weiter geht es Richtung Dermbach und entlang der Abhänge des Windhahns zu den Gruben „Concordia" und „Hüttenwäldchen". Wer vom Windhahn nach Norden wandert, erreicht übrigens nach kurzer Zeit den Grubenwanderweg Brachbach.

Vom „Hüttenwäldchenstollen" (▶ Tipp 5) geht es entlang der Hauptstraße und über den Seelenberg auf der Trasse der ehemaligen Grubenbahn zur Grube „Bollnbach". Vorbei am Fußballstadion gelangen wir über die Burg- sowie Hauptstraße zurück zum Ausgangspunkt in Herdorf.

## 5 Hüttenwäldchen-Stollen

UTM 32426732 5627041

Der „Hüttenwäldchen-Stollen" (▶ Foto rechts) liegt am Berghang an der Straße **Struthütten – Dermbach**. Das ehemalige Bergwerk auf Spateisenstein (Siderit) wurde bis 1909 betrieben. Im „Hüttenwäldchen-Stollen" ist mit einem unter Tage angelegten Maschinenschacht ein technisches Denkmal von regionaler Bedeutung zu besichtigen. Solche Anlagen waren typisch für die Zeit des Überganges vom Stollenbau zum Tiefbau im Siegerländer Eisenerzbergbau während der zweiten Hälfte des 19. Jahrhunderts.

## Infos

» Die Grube **„San Fernando"** in Herdorf war eines der letzten Bergwerke des Siegerländer Erzrevieres. Heute ist von der damals so imposanten Bergwerksanlage fast nichts mehr zu sehen.

Der Grubenwanderweg Brachbach besteht aus zwei miteinander verbundenen Abschnitten. Beginn der Wanderung ist am Zechenwaldplatz in **Brachbach**. Entlang des Erzweges geht es Richtung Bahnhof. Hier wurde einst das Erz mit einer Schmalspurbahn zur Bahnverladung gebracht. Danach erreichen wir den Ecker Grundstollen. Am Mudersbacher Wasserwerk vorbei geht es zum „Findlingsstollen" und zu „Knotts Haus" (ehemaliges Zechenhaus des Ecker Schachts), dahinter befinden sich die Reste der Grube „Ecke". Weiter geht es zum „Apfelbaumerzug". Hier zweigt die kürzere Wegschleife ab und trifft am Speckberg wieder auf den Hauptwanderweg.

Grubenmänner Brachbach.

Dieser verläuft vom „Apfelbaumerzug" zur „Haus Langgrube" und weiter zu einem aufgelassenen Steinbruch, aus dem die Werksteine für die Josefskirche in Brachbach stammen. Bald sieht man den Eingang zur Schiefergrube „Josefsglück". Entlang der Grube „Brüderschaft" und dem Eingang zur Grube „Wasserquelle" geht es zum Speckberg und weiter vorbei an den Gruben „Abendsonne" und „Abendstern" zum Lombigswald. In diesem Talkessel sieht man noch Überreste einstiger Stollen, Halden und einer Erzwaschanlage. Weiter vorbei an der Schiefergrube „Morgenroth" gelangen wir zum Mundloch der Grube „Moritzstollen" und der Grube „Weide" sowie dem „Venus-Charlottenstollen". Man sieht noch Reste der Halde und des Schieferspaltplatzes. Oberhalb des Börnchen erreichen wir den schönsten Aussichtspunkt der Route, mit Blick über Brachbach und das Siegtal. Über den „Adolph-" und den „Wernsberger Erbstollen" (1961 als letzte Grube in Brachbach geschlossen)

# Siegerland – Westerwald

Der Zechenwaldplatz in Brachbach.

gelangen wir zum Stollen „Alte Freundschaft" und zum Eingang des „Unteren Roefer-Stollens". Über die Austraße erreichen wir wieder Brachbach. Am Feuerwehrhaus stand früher die Alte Brachbacher Hütte.

Eine kurze Wegschleife führt vom „Apfelbaumerzug" zum Stolleneingang der Grube „Tiefe Breimehl" und weiter zum Kuhle Wald mit seinen mächtigen Pingen. Dies sind runde Eintiefungen in die Erdoberfläche aus der frühesten Zeit des obertägigen Erzabbaus. Von hier kommen wir wieder zum Speckberg und zurück zum Haupt- oder zum Grubenwanderweg (▶ Tipp 4) Herdorf.

## 7  Druidenstein

UTM 32423208 5627576

Nur wenige Kilometer westlich vom Grubenwanderweg Brachbach ist der Druidenstein bei **Kirchen/Sieg** – ein landschaftlich reizvoll gelegener rund 20 m hoher Basaltkegel – leicht zu erreichen. Seine Entstehung geht auf vulkanische Ereignisse vor etwa 25 Millionen Jahren zurück, als sich Magma durch die devonische Grauwacke des Grundgebirges hindurchzwängte und anschließend erstarrte. Dabei bildeten sich Basaltsäulen aus, die beispielhaft in der so genannten Meilerstellung angeordnet sind. Durch Erosion des umgebenden devonischen Grundgebirges blieb nur noch der harte Basaltkern übrig. Das Naturdenkmal steht seit 1869 unter Naturschutz und wurde 2006 mit dem Prädikat nationales Geotop ausgezeichnet. Ein Besuch des sagenumwobenen Felsens lohnt insbesondere im Nachmittagslicht.

Druidenstein.

## Infos

■ **Hüttenwäldchen-Stollen,** Mineralien- und Bergbaufreunde Siegerland Herdorf e.V., 57562 Herdorf, ☎ 02744/1476, @ www.gezaehe.de Führungen nach Voranmeldung.
■ **Grubenwanderweg Brachbach,** @ www.daaden.de

## 8 Heimatmuseum

UTM 32421483 5628975

Das Heimatmuseum in **Kirchen (Sieg)** präsentiert neben der Stadtgeschichte insbesondere auch die Industrie- und Bergbauhistorie der Region. Schwerpunkte stellen die Firmengeschichte des Stahl- und Walzwerkes der Friedrichshütte, Abteilung Carl Stein, und die Geschichte der Firma Jung-Jungenthal dar. Sie war insbesondere als Lokomotivfabrik und später als Hersteller von Werkzeugmaschinen mit Weltruf bekannt. Die Arbeitswelt von gestern wird durch zahlreiche Fotos und Exponate eindrücklich beleuchtet. Auch der Bergbau – die Grundlage der Entwicklung Kirchens wie die der beiden großen Firmen – wird anhand des Nachbaus eines Stollentriebes dargestellt. Alte Handwerkstradition, Sozialgeschichte und die damaligen Lebensumstände werden ausführlich präsentiert. Eine Besonderheit sind die Fotos der repräsentativen Villen, die einst das Bild Kirchens prägten. Hier wohnten 12 Millionärsfamilien und machten Kirchen einst zum reichsten Dorf in Preußen.

## 9 Grubenwanderweg Niederfischbach

UTM 32421094 5634406  ▶20 km ▶ 5h 45min

Wenige Kilometer nördlich von Kirchen zeugt **Niederfischbach** von reger Bergbaugeschichte. Startpunkt der Wanderung auf dem Grubenwanderweg ist der Marktplatz. Über die Konrad-Adenauer-Straße geht es in Richtung Kirchen, dabei kommen wir an Relikten der hier einst regen Bergbaugeschichte vorbei: So wurde das Haus Nr. 110 1868 vom Betreiber des Grubenunternehmens „Fischbacherwerk" erbaut. In der Straße „Auf dem Weiher" stand einst die vom 15. Jahrhundert bis 1878 betriebene Blashütte und in Harbach befindet sich im Tal der Grubenschacht „Hanbügel". Auch der alte Stollen der Grube Glücksbrunnen wird passiert, ehe wir in Richtung Altental auf einen alten Gru-

Grubenwanderweg.

## Siegerland – Westerwald

■ *Heimatmuseum Kirchen*, Wiesenstraße 7, 57548 Kirchen (Sieg), ✆ 02741/63543, @ heimatverein-kirchen@gmx.de
■ *Touristikbüro der Verbandsgemeinde Kirchen*, Lindenstr. 7, 57548 Kirchen (Sieg), ✆ 02741/9572-11, @ sven.wolff@kirchen-sieg.de, ☉ 1. – 3. So im Monat 14 – 17 Uhr und nach Vereinbarung.

benbahnweg treffen. In Hahnhof kann man auf halber Strecke die Tour unterbrechen und über den Kräm nach Niederfischbach zurückkehren. Nach der Wegkreuzung Hahnhof/Wüstseifen geht es zum Stolleneingang der Grube „Wüstseifen" und weiter über die Totenbuche und unterhalb der Wasenecke Richtung Giebelberg zur Grube „Fischbacherwerk". Dieses Bergwerk war einst ein bedeutender Blei- und Silbererzlieferant. Bis zu ihrer Stilllegung 1901 waren hier 350 Menschen beschäftigt. An den Grubenhalden geht es vorbei in den Grubenbahnweg „Bähnchen". An den Berghängen links und rechts befanden sich damals vier weitere Gruben. Wenig später erreichen wir die ehemalige Schmelze der Metallhütte. Auch auf der linken Seite des Otterbachtals befanden sich Gruben. Anschließend geht es weiter durch die

Schlesingstraße zum Haus Nr. 30 mit den Stolleneingängen „Bellona", „Silberblick" und „Cordula". Danach kommen wir wieder zur Konrad-Adenauer- und Raiffeisenstraße. An deren Ende befand sich vor mehr als 100 Jahren die „Stürze" – hier hatte man die Ausbeute des Fischbacherwerkes in die Eisenbahn verladen.

## 10  Eisenerzgrube Bindweide

UTM 32 417355 5620733

In **Steinebach**, Teil der Verbandsgemeinde Gebhardshain, kann man eine besondere Attraktion besichtigen: Die ehemalige Eisenerzgrube Bindweide. Am 30. September 1931 wurde die Förderung auf der Grube Bindweide eingestellt und damit eines der größten und bislang nicht abgebauten Erzvorkommen im südlichen Siegerländer Spateisensteinbezirk aufgegeben. Immerhin sollen hier in einer Tiefe bis 1.000 m noch etwa 11 Millionen Tonnen Erz vorhanden sein. Die Anfänge der Grube im südlichen Siegerländer Spateisensteinbezirk gehen auf das Jahr 1864 zurück, als der Tiefe Bindweider Stollen begonnen wurde. 1880 teufte man den ersten Tiefbauschacht ab und legte zwei Jahre

### Infos

■ *Grubenwanderweg Niederfischbach,*
@ *www.niederfischbach.de, www.kirchen-sieg.de*

später eigens für das Bergwerk eine Schmalspurbahn zwischen dem Siegtal und Steinebach an. Die Roherzförderung aus der Grube erfolgte bis 1912 per Pferdewagen durch den Tiefen Stollen. 1913 wurden auf der Bindweider Höhe neue Förder- und Aufbereitungsanlagen (Schacht II) in Betrieb genommen und an die vom Kreis Altenkirchen erbaute Westerwaldbahn angeschlossen. Durchschnittlich arbeiteten hier 500 bis 600 Bergleute. Ende der 1880er Jahre waren es sogar über 900 Knappen.

Genau 55 Jahre nach der Stillegung der Grube Bindweide wurde der Tiefe Stollen in Steinebach im Jahr 1986 als Besucherbergwerk eröffnet. Seitdem kann die Grube bis an die beiden Tiefbauschächte und den Abbaubereich wieder befahren werden. Während der zirka 90-minütigen Führung sieht man im Verlauf des Tiefen Stollens Eisen- und Manganablagerungen, die Spuren von Schlägel und Eisen, alte Werkzeuge und Maschinen wie Überwurflader, Trocken- und Nassbohrmaschine (die man in der Praxis erleben kann), die großräumige Pulverkammer sowie Erzgänge und Fördervorrichtungen. Nach knapp einem Kilometer wird der Untertage-Bahnhof erreicht, der an den einst regen Betrieb im Stollen erinnert. Am Füllort des Maschinenschachts II,

der eine Tiefe von 500 m erreichte, befinden sich die Besucher 92 m unter der Erdoberfläche. Im Pumpenraum mit den mächtigen Pumpleitungen der für ihren Wasserreichtum bekannten Grube werden Schüttelrutsche, Schrapper und eine Lademaschine gezeigt, die aus den letzten Jahren des Siegerländer

Mit der Bahn geht es in den Stollen.

Bergbaus stammen. In Schacht I hängt noch der Förderkorb. Durch ein enges Stollenlabyrinth, welches teilweise klassisch mit Steinen ausgebaut ist, geht es zurück zum Untertage-Bahnhof und von dort mit der Grubenbahn in wenigen Minuten wieder zurück ans Tageslicht.

## Siegerland – Westerwald

■ **Besucherbergwerk Grube Bindweide,** Bindweider Str. 2, 57520, Steinebach/Sieg
■ **Tourismus-Büro Gebhardshainer Ferienland,** Rathausplatz 1, 57580 Gebhardshain ☎ 02747/809-19, @ bergwerk@gebhardshain.de, www.besucherbergwerk-bindweide.de, ☉ 1. April bis 31. Okt.: Mi, Sa und So 14 – 17 Uhr. Letzte Einfahrt/Führung um 16.30 Uhr. Gruppen auch außerhalb der Zeiten nach Vereinbarung.

## 11 „Schiwakoul" Limbach

UTM 32414733 5616508

Von Steinebach sind es nur wenige Kilometer bis nach **Limbach**. Tief in die Erde blickt der Besucher hier, wo einst devonischer Dachschiefer ans Tageslicht gefördert wurde: Die größte und älteste „Schiwakoul" in der landschaftlich reizvollen Kroppacher Schweiz führt 112 Stufen und 20 m in die Tiefe. Sie ist ein beeindruckendes Zeitdokument des Schieferbergbaus. Im historischen Schieferbergwerk lässt sich noch heute nachvollziehen, wie beschwerlich das Arbeiten damals untertage war. Loren und Lokomotiven werden als Beispiele der einstigen Fördertechnik gezeigt. Die Grube ist frei zugänglich.

**Untertage in der „Schiwakoul".**

## 12 Eisensteingrube Edelstein

UTM 32417515 5617465

Etwa 2,5 km östlich von Limbach liegt der kleine Ort **Luckenbach**. Auch hier kann man unter Tage gehen und dem Erz auf die Spur kommen. Der Stollen der Eisensteingrube „Edelstein" liegt am westlichen Ortsrand. Das Stollensystem ist in Grauwacken und Tonschiefern der Devon-Zeit aufgefahren worden und erschloss Spateisensteingänge (Siderit). Hinweise auf Erzabbau und -verarbeitung in der Gemarkung gibt es bereits für das Spätmittelalter, erste schriftliche Zeugnisse datieren von 1685, als Einnahmen von Eisenstein-Zehntgeld durch die Gräfliche Rentei zu Hachenburg dokumentiert sind. Dieses Erz wurde in der Eisenhütte und Hammerschmiede in Atzelgift weiter verarbeitet. Letztmalig wurde die Grube „Edelstein" 1921/1922 von der Gelsenkirchener Bergwerks AG versuchsweise betrieben, das geförderte Erz entsprach jedoch nicht den Erwartungen. Heute ist der Stollen für Besucher auf einer Strecke von etwa 130 m zugänglich. Schutzkleidung (Helm, Umhang) wird gestellt.

## Infos

■ *Grube Edelstein,* Ortsgemeinde Luckenbach, Hauptstraße 8, 57629 Luckenbach, ☏ 02662/7493 ☉ März – Okt.: 1. Sa + So im Monat 14 – 16 Uhr und nach Voranmeldung nur mit Führung, Gruppengröße max. 10 Pers.

## 13 Bergbauwanderung Hamm

UTM 32406450 5624582  ▶ 4 km ▶ 1h

Die Bergbauwanderung beginnt in der Ortsmitte von **Hamm**. Von der Raiffeisensäule geht es zur ehemaligen Grube „Huth". Das Bergwerk war nach seiner Stilllegung im Jahr 1890 von 1937 bis 1945 Untersuchungsbetrieb, die Tagesanlagen wurden 1948 von den Franzosen demontiert und als Reparationsleistungen in die

Normandie gebracht. Über Hämmerholz verläuft die Route dann hinab in das landschaftlich schöne Seelbachtal. Hier finden sich interessante Spuren des alten Bergbaues. Am Wasserwerk lohnt ein Abstecher zum „Alt-Huther-Stollen". Vorbei am Schwimmbad geht es schließlich zum alten Judenfriedhof und zurück zum Ausgangspunkt.

Seelbachtal bei Hamm.

## 14 Wanderung Bruchertseifen

UTM 32409283 5622509 ▶ 12,3 km ▶ 3h 30min

In **Bruchertseifen** wandert man ebenfalls auf den Spuren des Bergbaus. Vom Parkplatz Kroppacher Schweiz verläuft die Route am alten Sportplatz vorbei, einst Standort der Grube „Güte Gottes". Dann geht es ins Nistertal. Dort treffen wir auf den Wilhelminenstollen mit seiner Halde. Mit etwas Glück sind hier noch Erze und Minerale zu finden. Der Weg führt weiter oberhalb der Nister dem Tal entlang. Durch die Ortschaften Langenbach und Helmeroth erreichen wir nach etwa dreieinhalb Stunden wieder Bruchertseifen.

In Bruchertseifen.

## Siegerland – Westerwald

Oberseelbach

▶ 5 km ▶ 1,5h

UTM 32406421 5621425
Marienwanderweg.

Auch von **Marienthal** aus kann auf alten Bergbau- und Pilgerpfaden Bergbaugeschichte erwandert werden. Ausgehend vom Parkplatz am Ortseingang führt der Weg an den ehemaligen Siedlungsgehöften Obersalterberg (alt und neu) vorbei zum Stollen „Kupferner Kessel". Über den ersten Köhlerplatz *(Holzkohle wurde zum Verhütten der Erze gebraucht),* die Halde und am Stollen „Grube Krone" vorbei erreichen wir die Pingen der Grube „Veronica". Auf dem Weg zum zweiten Köhlerplatz passieren wir Stollen und Halde von Grube „Plato". Von hier geht es zum ehemaligen mittelalterlichen Rennofen Wasserseifen. Anschließend führt uns die Route bergauf zum alten Schacht der Grube „Hömrich samt Beilehen". Ein kleiner Schacht und Pingen im Grubenfeld „Julie/Neuglück" liegen in direkter Nachbarschaft. Am ehemaligen Schacht „Dortmund" vorbei und durch zwei Brennöfenplätze führt uns der Weg schließlich zum Ausgangspunkt zurück.

Nistertal.

## Infos

■ *Bergbauwanderungen in der Verbandsgemeinde Hamm (Sieg),* Tourist-Information, Lindenallee 2, 57577 Hamm (Sieg), ✆ 02682/9522-35, @ hamm@westerwald.info, www.hamm-sieg.de, **Kontakt:** Udo Schmidt, Scheidterstr. 11, 57577 Hamm, ✆ 02682/969789, @ schmidt@westerwald.info, www.hamm-sieg.de

## 16 Grube Georg

UTM 32395404 5602750

Wahrzeichen des Bergbaus in der Verbandsgemeinde Flammersfeld ist das Fördergerüst über Schacht 2 der Grube „Georg" in **Willroth** – das letzte an Ort und Stelle erhaltene im gesamten Erzrevier. Hier endete am 31. März 1965 der Erzbergbau im Siegerland-Wied-Distrikt. Schon von weither ist der 56 m hohe Förderturm zu sehen, der direkt an der Autobahn A3 Abfahrt Neuwied/Altenkirchen steht. Er wurde 1952 bis 1954 erbaut und 1994 bis 1995 renoviert. Seit April 2002 ist das Industriedenkmal bis zu den Seilscheiben (Förderrädern) zu besichtigen und bietet einen herrlichen Rundblick weit über das Land. Die Grube ist wegen traumhafter Mineralfunde weit über Deutschland hinaus bekannt geworden.

**Blick vom Förderturm.**

## 17 Erzwanderweg Flammersfeld

UTM 32395610 5602715

 ▶ 14,5 km ▶ 4h 10min

Ausgangspunkt einer Wanderung auf den Spuren des ehemaligen Eisenerzbergbaues in der Verbandsgemeinde Flammersfeld ist die Grube „Georg" in **Willroth**. Zahlreiche Stationen am Wegesrand informieren über die Bergbauhistorie. So können

## Siegerland – Westerwald

■ *Förderturm Grube Georg,* Tourist-Information, Rheinstraße 17, *57632 Flammersfeld,* ✆ *02685/809119,* @ *info@vg-flammersfeld.de, www.vg-flammersfeld.de,* ☉ *jeden 3. Samstag im Monat 14 – 15.30 Uhr sowie nach Absprache.* **Kontakt:** *Bürgerinitiative Willroth, Uwe Jöchel,* ✆ *02687/929988 oder Tourist-Information Flammersfeld.*

beispielsweise in der Kreissparkasse Horhausen eine Mineralien-
sammlung zum Horhausener Gangzug und in der Grundschule
Glückauf künstlerische Darstellungen zum heimischen Bergbau
bewundert werden. Einen Abstecher lohnt der „Friedrich-
Wilhelm"-Stollenmund in Horhausen-Huf. Das 1834 erbaute
Zechenhaus vor dem Friedrich-Wilhelm-Stollen diente als Ver-
waltungsgebäude, Steigerwohnung und Verles- und Bethaus. Am
Stollenmundloch wurde für die Bergbauinteressierten ein kleines
Forum geschaffen, welches mit Info-Tafeln die Entwicklung des
ehemaligen Stollenbetriebes bis zur Schließung 1894 dokumen-
tiert. Der Erzwanderweg führt auch an zahlreichen ehemaligen
Bergwerken vorbei, wie am Grubenfeld „Nöchelchen" in Gülles-
heim, einem Pingen-Feld am Gabeler Kopf, dem Gerlach-Schacht
und der Grube Louise mit ihren alten Schachtgebäuden in
Bürdenbach, oder der Grube Lammerichskaule mit zahlreichen
Bergbauspuren auf verschiedenen Grubenfeldern im Hang des
Harzberges. Abschluss der fast fünfstündigen Wanderung bildet
im Wiedtal schließlich der Alvensleben-Stollen bei Burglahr.

## 18 Alvensleben-Stollen

UTM 32394313 5608405

Der Alvensleben-Stollen in der Ortsgemeinde **Burglahr** ist ein bergbauliches
Kleinod. Er wurde von 1835 bis 1864
als Entwässerungsstollen für die Grube
Louise vorgetrieben. Benannt wurde
er nach Albrecht Graf von Alvensleben,
ehemals Preußischer Finanzminister.
Seit 1999 kann der Stollen auf einer
Länge von 400 m besichtigt werden.
Bemerkenswert sind die Mineralbil-
dungen, die aus den Grubenwässern
entstanden. So sieht man grünliche und
bläuliche Malachit- und Chrysokoll-
Ausblühungen sowie farbenprächtige
Stalaktiten und Stalagmiten aus Braun-
eisenstein- und Manganerzschlämmen.

**Brauneisenstein im Stollen.**

## Infos

■ *Alvenslebenstollen,* Tourist-Information, Rheinstraße 17,
57632 Flammersfeld, ☎ 02685/809119, @ info@vg-flammersfeld.de,
www.vg-flammersfeld.de ☉ Terminierung nach Absprache mit der Tourist-
Information Flammersfeld, Albert Schäfer ☎ 02687/8697.

## 19 Museum Rheinbreitbach

UTM 32374716 5608840

**Im Heimatmuseum**

Nahe **Rheinbreitbach** wurden in mehreren Gruben wertvolle Kupfererze abgebaut. Die Bergbautradition wird im Museum für Rheinbreitbacher Alltagsgeschichte am Leben erhalten. Das Bergwerkszimmer des 300 Jahre alten denkmalgeschützten Fachwerkhauses präsentiert Zeugnisse des vor gut 200 Jahren hier umgehenden Kupfererzbergbaus. Neben Bildern, Werkzeugen und Dokumenten findet sich eine kleine Erzsammlung. Unter Mineralogen und Liebhabern wurde Rheinbreitbach weltbekannt als Erstfundort des Kupferminerals Pseudomalachit (▶ Foto unten). Es wurde 1813 in der Grube „Virneberg" entdeckt. Im Museum sind weiterhin historische Wohnräume, Handwerkskünste und die lokale Postgeschichte dokumentiert.

## 20 Erzbergwerke in Rheinbreitbach

UTM 32376654 5609072　　　▶8 km ▶ 2h 20min

Die Themenwanderung „Erzbergwerke in **Rheinbreitbach** und **Bruchhausen**" führt zur östlich des Ortes gelegenen und 1604 erstmals schriftlich erwähnten ehemaligen Grube „Virneberg". Ihre Ursprünge reichen wahrscheinlich bis in römische Zeit zurück. Während der Blütezeit des Rheinbreitbacher Bergbaus im 19. Jahrhundert wurden zeitweise jährlich über 42.000 t Erz gefördert. Aufbereitet und verhüttet wurden die Erze in der ehemaligen Schmelze im Bereich der heutigen „alten Ziegelei". Etwa einen Kilometer in nordöstlicher Richtung, im Ortsteil Breite Heide, kommt der Kupfererzgang zu Tage. An der Straße befinden sich zwei wieder aufgebaute Eingänge des Umlaufstollens. Unweit liegen die Reste der ehemals ausgedehnten Halden und des Tagebaues der Grube.

**Pseudomalachit.**

## Siegerland – Westerwald

■ *Museum für Rheinbreitbacher Alltagsgeschichte,* *Hauptstraße 29, 53619 Rheinbreitbach,* ✆ *02224/941107,* @ *www.heimatverein-rheinbreitbach.de,* ☽ *2. und 4. So im Monat* *14.30 – 17.30 Uhr, Führungen jederzeit nach Voranmeldung.*

# Basalt

Katzenstein in Westerburg.

Feuerspeiende Vulkane überzogen in der Tertiärzeit die Landschaft des Westerwaldes mit Lavaströmen und Aschedecken. Basaltische und trachytische Laven flossen aus. Flüsse und Seen hinterließen Ton-, Ölschiefer- und Braunkohleablagerungen, die teilweise von den Vulkanen überdeckt wurden.

In den Seeablagerungen haben sich zahllose gut erhaltene Fossilien überliefert, die Rückschlüsse auf die damaligen Lebensumstände zulassen. So entstanden neben heute noch wichtigen Rohstoffen geologische „Archive", die Fenster in die Erdgeschichte sind.

## Infos

» **Basalt** ist ein basisches (kieselsäurearmes) vulkanisches Ergussgestein. Es besteht im Wesentlichen aus Eisen- und Magnesium-Silikaten wie Olivin und Pyroxen sowie kalziumreichen Feldspäten (Plagioklas). (▶ Foto rechts: Basalt unter dem Mikroskop).

Im Bereich der Gemeinden **Stockum-Püschen**, **Enspel** und **Nistertal-Büdingen** befindet sich das mit 140 Hektar größte geschlossene Basalt-Abbaugebiet des Westerwaldes, der Stöffel. Seit Ende des 19. Jahrhunderts wird Basaltlava in mehreren Steinbrüchen abgebaut. Unterhalb des Stöffel-Basaltes kamen Ablagerungen eines rund 25 Millionen Jahre alten Sees der Tertiär-Zeit zutage. Darin sind außergewöhnlich gut erhaltene Reste von Blättern, Insekten mit Farberhaltung, Fischen, Fröschen, Schildkröten sowie Säugetieren mitsamt ihren Weichteilen überliefert. Es ist eine für jene Zeit in Europa einmalige Fossilfundstelle, die Jahr für Jahr ganze Scharen internationaler Geowissenschaftler anzieht. Die „Fliegende Maus aus dem Westerwald", ein kleiner Nager mit Flughäuten, hat mittlerweile weltweite Berühmtheit erlangt. Sie ist der älteste Beleg für den Gleitflug bei Nagetieren. Im Zuge der Rekultivierung eines Teils des Geländes wird seit einigen Jahren die Einrichtung eines *Tertiär- und Industrie-Erlebnisparks* betrieben. Das Motto des Erlebnisparks lautet: „Auf den Spuren des Basaltes – von seiner Entstehung bis zur Verarbeitung". Drei Museumsteile und ein Info-Zentrum sind bereits zugänglich oder in Vorbereitung: Neben der „Historischen Werkstatt" entsteht in einem alten Brechergebäude das „Basalt-Industrie-Museum", und ein Teil des neu entstehenden Info-Zentrums wird das *„Tertiär-Museum"* beherbergen. Der *Aussichtssturm* bietet einen Panoramablick über den Stöffel. Mehrere Themenpfade nehmen Einzelbereiche der Basaltverarbeitung auf. Im ehemaligen Steinbruchbereich entsteht das Besucherzentrum, in dem wissenschaftliche Grabungen und die Bearbeitung von Fossilien in der Präparationswerkstatt für den Besucher erlebbar werden. Am früheren Weg der mit Basalt beladenen Loren stehen ein historischer Lokschuppen, die Gleiswaage und die alte Bremsanlage. Das Ensemble der alten Anlagen des Basaltwerkes „Adrian" ist ein bedeutendes technisches Denkmal.

Der Aussichtsturm.

## Siegerland – Westerwald

» Die **„fliegende Maus aus dem Westerwald"** ist das berühmteste Fossil aus den Ablagerungen des Stöffel-Sees. Es war der weltweit erste vollständig erhaltene Fund einer 25 Millionen Jahre alten Flugmaus der Gattung Eomys quercyi.

## 22 Landschaftsmuseum Westerwald

*UTM 32417187 5612801*

Funde vom Stöffel findet man auch im Landschaftsmuseum Westerwald in **Hachenburg**. In einem Museumsdorf aus sechs typischen Westerwälder Häusern des 18. und 19. Jahrhunderts wird die Geschichte des Westerwaldes und seiner Bewohner präsentiert. Die großzügige Abteilung zur Geologie des Westerwaldes zeigt neben Erzen, Gesteinen und Mineralen auch Arbeitsabläufe und

Jugendgruppe im Stöffel.

Gerätschaften aus Bergbau und Steinbrüchen der Region. Die Fossillagerstätte Stöffel ist mit reichen Funden von Blättern, Blüten, Insekten, Fischen, Froschlurchen, Reptilien, Vögeln und Säugetieren vertreten, darunter auch die berühmte „Stöffel-Maus". Zukünftig soll ein Teil der Fossilien im Tertiär-Museum am Stöffel gezeigt werden.

## 23 Basaltpark

*UTM 32424716 5610882*

Der Basaltpark in **Bad Marienberg** ist eines der markantesten Wahrzeichen der Stadt. Er ermöglicht dem Besucher Einblicke in die Vulkantätigkeit im Hohen und Oberen Westerwald zur Tertiär-Zeit. Der Park repräsentiert die Geschichte des Basaltabbaus. Die geologische Entstehung und frühere Abbaumethoden werden anschaulich dokumentiert. Rund um den rekultivierten Steinbruch kann man die verschiedenen Basaltlavadecken, zwischengeschaltete Tuffschichten und die unterschiedlichen Formen der Erstarrung des Basalts noch gut erkennen. Charakteristisch sind sechs- oder fünfeckige Säulen in verschiedenen Dicken und Längen, die häufig in Meilerstellung angeordnet sind.

Basaltpark.

## Infos

■ **Stöffel-Park,** *Stöffelstraße, 57647 Enspel/Westerwald,*
📞 *02661/980-980-0,* @ *info@stoeffelpark.de, www.stoeffelpark.de,*
*www.erdgeschichte-rlp.de,* ☉ *Di – So 10 – 18 Uhr.*
■ **Landschaftsmuseum Westerwald,** *Leipziger Straße 1,*
*57627 Hachenburg,* 📞 *02662/7456,* ☉ *Di – So 10 – 17 Uhr,*
@ *info@landschaftsmuseum-ww.de, www.landschaftsmuseum.de*

## 24  Basaltsteinrunde

UTM 32424405 5611542   ▶17,8 km ▶ 5h

Die Basaltsteinrunde beginnt in **Bad Marienberg** am Parkplatz zum Abenteuerspielplatz im Wildpark. Sie erschließt zahlreiche Geotope und Relikte der Rohstoffgewinnung, wie beispielsweise die ehemalige Grube „Eisenkaute", die mächtigen Basaltblöcke am Hölzersteinweg, das Pfaffenmal (Säulenbasaltkegel) und das Naturschutzgebiet Bacher Lay (aufgelassener Steinbruch mit mächtiger Basaltwand). Bei der Wilhelmshütte findet man die Geotope „Kleiner und großer Wolfstein", eine pittoreske Anhäufung riesiger Basaltblöcke. Von Bad Marienberg aus geht es nun in Richtung Westerburg, wobei sich ein Abstecher nach Höhn lohnt. Dort ist mit dem Fördergerüst der ehemaligen Grube „Alexandria" einer der letzten Zeugen des Westerwälder Braunkohlenbergbaus erhalten geblieben. Am Rathaus in Westerburg ist ein kleiner geologischer Steingarten zu sehen. Unweit des Ortes liegt das interessante Geotop „Katzensteine" mit säuligem Basalt.

## 25  Steinbruch am Kranstein

UTM 32426897 5597904

Südlich von Westerburg liegt am westlichen Hang des Watzenhahn bei **Willmenrod** oberhalb ausgedehnter Tongruben der aufgelassene Steinbruch am Kranstein. Er zeigt im westlichen, kleineren Bruchbereich in der Abbauwand eindrucksvolle Basaltsäulen in einer leicht gebogenen, kohlenmeilerähnlichen Anordnung und gilt als eines der schönsten Geotope des Westerwaldes.

Der Kranstein.

# Siegerland – Westerwald

» Als **Braunkohle** bezeichnet man ein bräunlich-schwarzes, festes Sedimentgestein, das durch Umwandlung von Pflanzenresten entstanden ist. Sie enthält etwa 65 bis 70 % Kohlenstoff. Braunkohle gehört zu den fossilen Energierohstoffen.

**Arbeiten an der Töpferscheibe.**

Die Region zwischen Rhein, Lahn, Saynbach und Westerwälder Seenplatte wird „Kannenbäckerland" genannt. Der Name leitet sich von den Haupterzeugnissen dieser Gegend ab, Kannen und Krügen aus weißem, grau-blauem oder braunem, salzglasiertem Steinzeug. Grundlage sind die hochwertigen Tonvorkommen aus dem Erdzeitalter des Tertiär. Die Westerwälder Tone wurden in Seen als feinkörniges Verwitterungsprodukt des Schiefergebirges abgelagert und bis zu einer Mächtigkeit von 70 Metern aufgehäuft. Eine wichtige Eigenschaft der Westerwälder Tone ist die Feuerfestigkeit, die ausschlaggebend für die Herstellung zahlreicher keramischer Erzeugnisse ist. Heute ist die keramische Industrie der Region mit ihren innovativen und hoch technisierten Produkten ein bedeutender Wirtschaftsfaktor in Rheinland-Pfalz.

Infos

**Im Keramikmuseum Westerwald.**

## 26 Tonbergbaumuseum Siershahn

UTM 32412418 5593357

Das Tonbergbaumuseum in **Siershahn** liegt am Rande des in Betrieb stehenden Tontagebaus „Hohe Wiese". Nur wenige Meter vom Museumseingang entfernt können Besucher von oben in die weitläufige Grube hineinschauen. Im Museum wird die weithin unbekannte Geschichte des Tonbergbaus im Westerwald von den Anfängen im Glockenschachtbetrieb bis zu

Tongrube beim Museum.

den hoch technisierten Tagebaubetrieben des 21. Jahrhunderts präsentiert. Den Mittelpunkt des Museums bildet die historische Schachtanlage „Gute Hoffnung", aus der bis 1979 Ton gefördert wurde. Zahlreiche Abbaumaschinen, Werkzeuge und Informationen rund um den Tonbergbau vervollständigen die Präsentation.

## 27 Keramikmuseum Westerwald

UTM 32404627 5588722

Das Keramikmuseum Westerwald in **Höhr-Grenzhausen** zeigt die Produkte, die aus Ton erzeugt werden. Exponate zur Geschichte des Steinzeugs, zur Fertigungstechnik sowie zur technischen und künstlerischen Keramik bilden den Schwerpunkt der Ausstellung. Begleitend finden Sonderausstellungen zu verschiedenen Themen statt.

In das Museum sind eine Töpferei und ein Café integriert. Das Museum ist auch Ausgangspunkt mehrerer Touren, auf denen Töpfereien, Keramikwerkstätten und Töpferläden in der Umgebung besucht werden können.

Im Keramikmuseum.

## Siegerland – Westerwald

■ *Tonbergbaumuseum,* Poststraße 1, 56427 Siershahn, ☏ 02623/951363 oder 0171/8933094, @ jfrohneberg@aol.com, www.tonbergbaumuseum.de, ☉ ganzjährig nach Voranmeldung.
■ *Keramikmuseum Westerwald,* Lindenstraße 13, 56203 Höhr-Grenzhausen, ☏ 02624/946010, @ info@keramikmuseum.de, www.keramikmuseum.de, ☉ Di – So 10 – 17 Uhr, Mo nach Vereinbarung, Führungen, Gruppen nach Voranmeldung.

Neben dem Ton gab das Erz den Menschen der Region Lohn und Brot. **Sayn** gelangte im 19. Jahrhundert durch die Eisenverarbeitung zu großer Blüte. In Bendorf-Sayn befindet sich eines der bedeutendsten Industriedenkmäler Deutschlands, die *Sayner Hütte.* Sie wurde im 18. Jahrhundert zur Verhüttung der Westerwälder Erze errichtet. Die aus Gusseisen konstruierte und 1830 fertig gestellte Betriebshalle, die einer dreischiffigen Basilika gleicht, zählt zu den Meisterleistungen des Industriebaus. Im nahe gelegenen Schloss Sayn befindet sich das *Rheinische Kunstguss-*

Sayner Hütte.

*Museum*. Hier werden das Berg-, Hütten- und Gießereiwesen sowie die Arbeits- und Lebensbedingungen der Menschen im 19. Jahrhundert präsentiert. Zu den herausragenden Gussarbeiten der Bendorfer Eisenhütten gehört als kleinstes Gussobjekt die so genannte „Sayner Mücke", eine Stubenfliege in Originalgröße. Viele dieser Kunstwerke der Sayner Hütte wurden auf der Weltausstellung 1855 in Paris prämiert. Sehenswert sind auch das *Schloss* und der benachbarte *Garten der Schmetterlinge* im fürstlichen Schlosspark.

## Infos

■ *Sayner Hütte,* Tourist-Information, Abteistr. 1, 56170 Bendorf-Sayn, 02622/902913, @ touristinfo.sayn@bendorf.de, Gruppenführungen nach Vereinbarung.
■ *Rheinisches Kunstguss-Museum,* Abteistraße 1, 56170 Bendorf-Sayn, 02622/902913, @ museum@bendorf.de, www.bendorf.de, ⊙ März – Sept.: täglich 10 – 18 Uhr, Okt.: täglich 10 – 17 Uhr, Nov.: täglich 11 – 16 Uhr, Dez. – Feb.: nach Anmeldung.

Nächste Station sind die Eisenerz-Röstöfen der Grube „Werner-Vierwinden" auf dem Vierwindenberg in **Bendorf**, die vom Anfang des 18. Jahrhunderts bis 1915 in Betrieb waren. Allein in der Zeit von 1877 bis 1915 wurden etwa 830.000 t Eisenerz aus bis zu 280 m Tiefe gefördert. Die Röstöfen sind anhand von Tafeln und Originalobjekten erläutert und frei zugänglich. Hier bietet sich auch ein herrlicher Ausblick über das Neuwieder Becken in Richtung Eifel.

Bendorfer Röstöfen.

**30** Tongrube Melsbach

In **Melsbach** bei Neuwied ist das Fördergerüst mit Schachthalle und Verladeanlage der ehemaligen Tongrube Melsbach als eindrucksvolles technisches Denkmal erhalten geblieben. Das frei zugängliche Ensemble gehört zu den wenigen erhaltenen Anlagen aus der Zeit des untertägigen Tonabbaus.

Förderturm in Melsbach.

# Siegerland – Westerwald

UTM 3238954I 5593280

Wie schon die Steinzeitmenschen die geologischen Schätze zum Feuer machen und Zeichnen nutzten, zeigt das Museum für die Archäologie des Eiszeitalters im Schloss Monrepos in **Neuwied-Segendorf**. Hier wird die Entwicklung des Menschen in der Altsteinzeit präsentiert, des längsten und prägendsten Abschnitts der Menschheitsgeschichte von vor etwa 2,5 Millionen bis vor 7.500 Jahren. In dieser Zeit entwickelten sich die biologischen, geistigen und kulturellen Grundlagen des heutigen Menschen. Im Mittelpunkt stehen Ausgrabungsergebnisse des Forschungsbereiches Altsteinzeit des Römisch-Germanischen Zentralmuseums Mainz. Besonders die Exponate der weltbekannten archäologischen Fundplätze Gönnersdorf und Andernach lassen die Besucher in die große Zeit der Eiszeitjäger vor mehr als 15.000 Jahren eintauchen. Eindrucksvoll ist ein Besuch an den Pfingsttagen, wenn rund um das Museum gezeigt wird, wie die Steinzeitmenschen lebten und arbeiteten.

**Mammut-Zähne im Museum.**

## Infos

■ **Museum für die Archäologie des Eiszeitalters**, *Schloss Monrepos, 56567 Neuwied-Segendorf,* ☏ *02631/97720,* @ *altsteinzeit@rgzm.de,* ☉ *April – Okt.: Di – So 10 – 17 Uhr, Nov. – März: Mi, So 10 – 17 Uhr, Gruppenführungen nach Vereinbarung ( ▶ Fotos links).*

# 31 Schätze des Landes

- ▶ 10 Wanderungen
- ▶ 8 Museen
- ▶ 6 Bergwerke
- ▶ 4 Naturdenkmäler
- ▶ 4 Industriedenkmäler

## INFOS

■ **Westerwald Touristik-Service**
*Kirchstraße 48a*
*56410 Montabaur*
☎ *02602/3001-0*
🖨 *02602/947325*
@ *info@westerwald.info*
*www.westerwald.info*

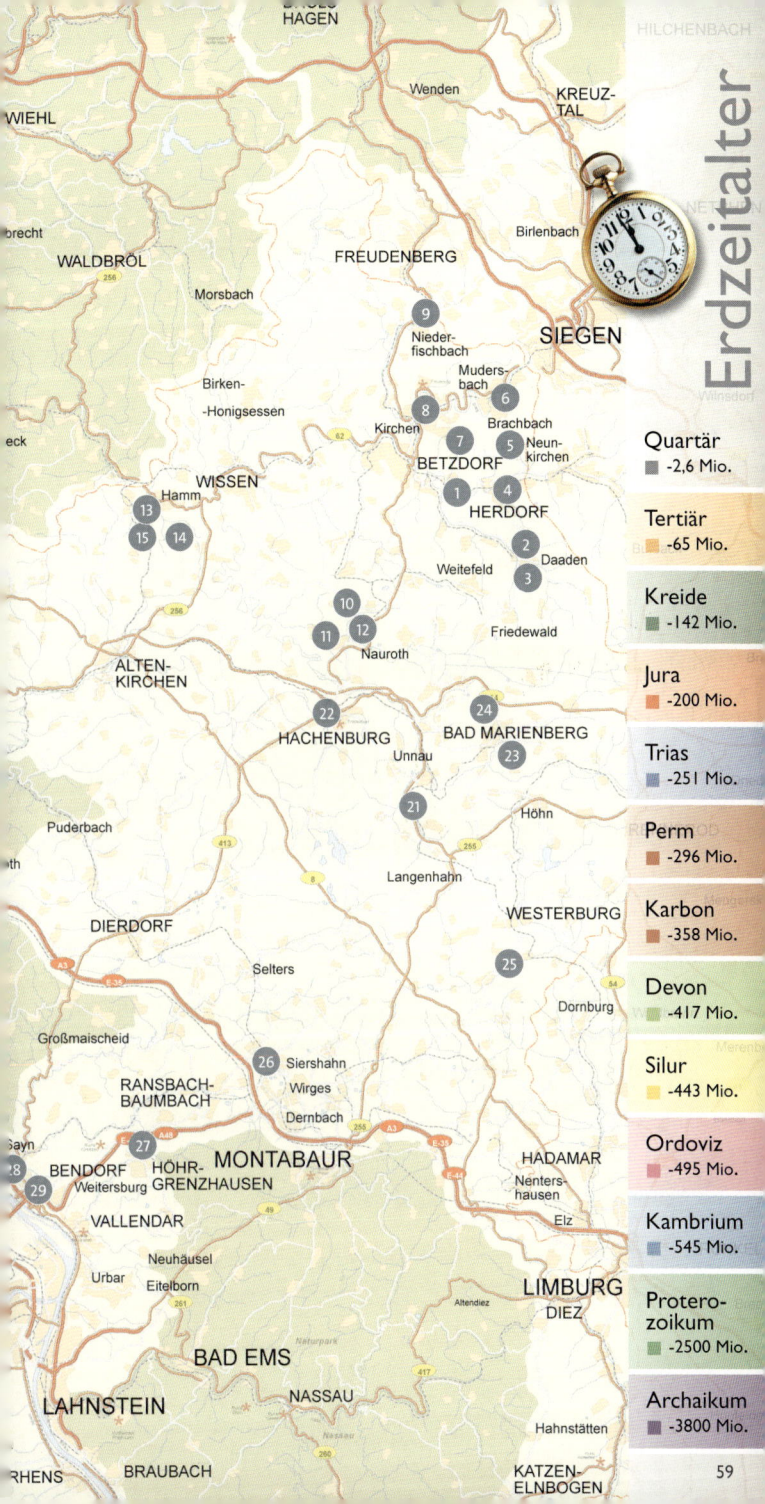

# Erdzeitalter

Quartär
-2,6 Mio.

Tertiär
-65 Mio.

Kreide
-142 Mio.

Jura
-200 Mio.

Trias
-251 Mio.

Perm
-296 Mio.

Karbon
-358 Mio.

Devon
-417 Mio.

Silur
-443 Mio.

Ordoviz
-495 Mio.

Kambrium
-545 Mio.

Proterozoikum
-2500 Mio.

Archaikum
-3800 Mio.

Koblenz
Mayen
Bitburg
Trier

Sanddünen ▶ 64

Vulkane ▶ 75

Schiefer ▶ 102

Heiße Vergangenheit: Laacher See.

# Eifel – Gutland

## 💎 88 Schätze des Landes entdecken

- ▶ 24 Wanderungen
- ▶ 49 Naturdenkmäler
- ▶ 21 Museen
- ▶ 20 Autotouren
- ▶ 4 Bergwerke
- ▶ 2 Industriedenkmäler
- ▶ 1 Fahrradtour

# Feuer und Wasser

Die blauen Augen der Eifel sind Wahrzeichen einer Region, deren Landschaft vom Vulkanismus geprägt wurde. So ist heute wieder Wasser, wo damals Schlote Feuer, Asche und Lava spien und noch früher ein riesiges Meer wogte. Eine Erdzeitreise durch eine der schönsten Gegenden Deutschlands.

Meerfelder Maar.

Eifel und Gutland sind zwei landschaftlich und geologisch vielfältige Landstriche. Als Teil des Rheinischen Schiefergebirges ist die Eifel einmal von den weit verbreiteten Ablagerungen des Devonmeeres geprägt: Sandsteine, Tonschiefer und Kalke bilden im Wesentlichen das Grundgebirge vom Oesling im Westen bis zur Ahreifel und dem Brohltal im Osten. Landschaftsprägend – vor allem in der Vulkaneifel – sind jedoch die Spuren des intensiven tertiären und quartären Vulkanismus. Ursache für die Vulkanausbrüche war die Kollision der afrikanischen mit der eurasischen Kontinentalplatte ab dem Tertiär, die außerdem die Auffaltung der Alpen und das Absinken des Oberrheingrabens zur Folge hatte. Schlackenkegel, Lavaströme und die berühmten Maare sind eindrucksvolle Zeugnisse dieses Abschnitts der Erdgeschichte. So ist auch der höchste Berg der Eifel, die Hohe Acht mit 747 m, vulkanischen Ursprungs. Die Eifel wurde so neben ihrer Bedeutung als klassischem Forschungsgebiet für die devonzeitlichen Meeresablagerungen mit ihren Fossilien zu einem Mekka der Vulkanologen aus aller Welt. Das ganz im Osten liegende Neuwieder Becken gehört geografisch gesehen nicht mehr zur Eifel, grenzt aber an das als „Pellenz" bezeichnete zur Osteifel zählende Hügelland zwischen Mayen und Andernach. Der Untergrund besteht aus Kiesen, Sanden und Hochflutlehmen des Tertiär und Quartär, die weiträumig mit Bims der Vulkane der Ost-Eifel überdeckt sind. Fruchtbare Böden, sanftes Relief und Klimagunst haben hier einen landwirtschaftlichen Vorzugsraum im Rheinischen Schiefergebirge geschaffen.

Die vulkanischen Gesteine, die heute für Besucher wie für Wissenschaftler gleichermaßen faszinierend sind, bilden wertvolle Rohstoffe, die teilweise seit Jahrtausenden genutzt werden. Ein großer Teil wird als gebrochene Natursteinprodukte im Straßen-, Wasser- und Tiefbau verwendet. Basalte und Tuffe werden aber

# Geologie & Landschaft

## EIFEL UND GUTLAND

auch als Werksteine eingesetzt. Als einziges Bundesland liefert Rheinland-Pfalz die vulkanischen Rohstoffe Basaltlava, Lavasand sowie Bims und Tuff in großen Mengen für die Baustoffindustrie. Hinzu kommt die Gewinnung von Kalksteinen aus den devonischen Riffablagerungen und der Abbau von Dachschiefer. Die Rohstoffgewinnung ist Segen und Fluch zugleich: Neben der wirtschaftlichen Bedeutung sind die zahllosen Abbaustellen gleichsam Fenster in die Erdgeschichte, die uns erst den Einblick in die komplexen vulkanischen Prozesse erlauben. Dem gegenüber steht der Eingriff in das Landschaftsbild, viele Bergkuppen sind bereits dem Rohstoffabbau zum Opfer gefallen. In der Zukunft muss es gelingen, allen Interessen durch nachhaltige Nutzungskonzepte gerecht zu werden, damit das vulkanische Erbe auch noch den folgenden Generationen offen steht.

Das Gutland bildet den südwestlichen Teil der Region. Es schließt sich südlich des Oesling *(nördlicher Teil des Großherzogtums Luxemburg)* mit seinen devonischen Gesteinen an. Geologisch gehört es zur so genannten Trierer Bucht, die durch sandige, mergelig-tonige und kalkige Gesteine der Trias (Buntsandstein, Muschelkalk und Keuper) sowie des Jura geprägt ist. Eine daraus resultierende meist gute Bodenbeschaffenheit sowie ein deutlich milderes Klima mit geringeren Niederschlägen als in der Eifel begünstigen die landwirtschaftliche Nutzung. Das Gutland wurde daher schon früh besiedelt und beherbergt wegen des günstigen Klimas zahlreiche mediterrane Pflanzen- und Tierarten. So ist es auch nicht verwunderlich, dass an der Obermosel auf den kalkigen Gesteinen gute Weine gedeihen.

Stichwort
# Sanddünen

Die geologischen Streifzüge beginnen im Westen der Eifel im Erdmittelalter: Gesteine aus der Zeit des Buntsandstein, des Muschelkalk, des Keuper und des Jura prägen die Landschaft. Geologisch befinden wir uns im Bereich der so genannten Trierer Bucht. Die roten Sandsteine des unteren Kylltales und bei Trier bilden ähnlich wie im Pfälzerwald beeindruckende Felsen. Weiter westlich überwiegen dann die Hochflächen mit Kalksteinen aus dem Muschelkalk, bis schließlich im Zentrum der Trierer Bucht im Westen die drei großen Jura-Plateaus bei Biesdorf, Ferschweiler und Wolfsfeld erreicht werden: Sie entstanden als riesige dünenartige Sandablagerungen auf einem ehemaligen Meeresboden. Durch vielfache Umlagerung von Sanden durch die Tiefenströmungen der damaligen Gezeiten entstand ein kalkreicher Sandstein, durchsetzt mit zerkleinerten Meeresmuscheln.

Der bis 80 m mächtige Luxemburger Sandstein wurde benannt nach den steil aufragenden Felsen, auf denen die Stadt Luxembourg angelegt ist. Besonders schön sind diese Gesteine am Rand des Ferschweiler Plateaus zu sehen.

## Eifel – Gutland

» **Die Wabenverwitterung** ist eine besondere, bevorzugt bei Sandsteinen auftretende Verwitterungsform. Die Gesteinsoberfläche ist dabei von wabenartig angeordneten Löchern durchsetzt. In das Gestein eingedrungenes Regenwasser tritt an der Oberfläche aus und verdunstet. Die Kristallisation der im Wasser gelösten Inhaltsstoffe ist mit einer Volumenzunahme verbunden, die ihrerseits zum Abplatzen von Gesteinspartikeln von der Felswand führt (Salzsprengung).

## 32 Naturerkundungsstation Teufelsschlucht

UTM 32315624 5524771

Das *Landschaftsmuseum* im Besucherzentrum am Rand des Ferschweiler Plateaus in **Irrel** zeigt die Wechselwirkungen zwischen Geologie, Klima und Landschaftsentwicklung. Die Entstehung der Teufelsschlucht, die löchrigen Gesteinsverwitterungsformen des Luxemburger Sandsteins sowie seltene Tiere und Pflanzen werden vorgestellt. Auch die Zeiten der Kelten, der Römer sowie das Mittelalter sind interaktiv präsent. Ein digitales Geländemodell lädt Besucher ein, durch Raum und Zeit zu „surfen". Im nahe gelegenen *Erdzeitenpark* werden geologische Vorgänge wie Gesteinsentstehung, Gebirgsbildung, Verwitterung, sowie die Nutzung der Gesteine erläutert.

## 33 Irreler Wasserfälle und Erlebnispfad

UTM 32316508 5525598 ▶ 8 km ▶ 2h 20min

Vor der beeindruckenden Kulisse des Ferschweiler Plateaus mit seinen Sandsteinfelsen des Lias (Jura) und den darunter liegenden Mergeln des Keuper (Trias) führt der *Erlebnispfad* in **Irrel** an 24 Stationen in das Thema Wasser im Prümtal ein. Man begegnet ihm mal tosend an den Irreler Wasserfällen, mal an zahlreichen Quellen oder als Lebensraum für Pflanzen und Tiere. Startpunkt ist der Parkplatz bei den *Irreler Wasserfällen*. Deren Ursprung liegt in der letzten Kaltzeit (Pleistozän). Bei der Verwitterung der 60 bis 80 m mächtigen Sandsteine des Plateaus brachen an dessen Kanten immer wieder einzelne Felsblöcke heraus. Im Bereich der heutigen Wasserfälle lösten sich zahlreiche Felsblöcke und stauten den Fluss auf. Seither hat die Prüm einen Teil der Sturzmassen ausgeräumt und das Wasser rauscht heute in eindrucksvollen Wasserfällen über die Felsen.

Teufelsschlucht.

## Infos

■ *Naturerkundungsstation Teufelsschlucht,*
Ferschweilerstraße 50, 54668 Ernzen,
☏ 06525/933930, @ info@teufelsschlucht.de,
www.teufelsschlucht.de, ☉ Ostern – November
täglich 11 – 18 Uhr, übrige Zeit So 11 – 17 Uhr,
jederzeit nach Voranmeldung (▶ Foto rechts).

Die 20 Meter tiefe und knapp vier Meter breite *Teufelsschlucht* kann wegen des zu ihrem Ausgang hin ansteigenden Bodens nicht von einem Fluss geschaffen worden sein; die Sage sah sie daher als Teufelswerk an. Die unter dem Sandstein liegenden Mergel werden leicht abgetragen und neigen wegen ihrer Wasser stauenden Eigenschaft zu Rutschungen. Dies führt in den Sandsteinen zur Bildung von Spalten, die sich zu Schluchten erweitern können.

## 34 Deutsch-Luxemburgischer Felsenweg

UTM 32315652 5524756  ▶ 10 – 20 km ▶ 3 – 6h

Der Felsenweg bei **Niederweis** führt auf vier Routen durch eine bizarre Felsenlandschaft aus Muschelkalken (Trias) und jurassischen Sandsteinen. Geologie, Kulturschätze, die frühe Besiedlungsgeschichte sowie Flora und Fauna werden unterwegs auf Tafeln vorgestellt. Die *rote Route* (15 km, 4h 20min) führt von der Naturerkundungsstation zur Teufelsschlucht und zu den Irreler Wasserfällen sowie entlang des Ferschweiler Plateaurands mit schöner Aussicht auf das Sauertal bei Ernzen.

Auf dem Felsenweg

Die *grüne Route* (17 km, 5h) verläuft von Minden sauerabwärts zur Höhe des Ralinger Senders mit Blick über das Sauertal und weiter ins luxemburgische Rosport mit Schloss Tudor. An den Felsformationen Gefallelayen und Altkammer vorbei erreicht man das an der Sauer gelegene Steinheim. Die *blaue Route* (10 km, 3h) startet als Rundweg in Minden. Über Steinheim in Luxemburg gelangt man zur Felsformation Altkammer sowie in die alte Abteistadt Echternach ehe der Weg zurück nach Minden führt.

## Eifel – Gutland

Picknick am Wasserfall.

■ *Naturpark Südeifel e. V.,*
Auf Omesen 2, 54666 Irrel,
☏ 06525/79281,
@ info@naturpark-suedeifel.de,
www.naturpark-suedeifel.de

Die **gelbe Route** (20 km, 6h) führt vom Barockschloss Weilerbach über die „Schweineställe" zum Naturdenkmal Falkenlay.
Über den Fölkenbach geht es auf luxemburgischer Seite weiter
nach Echternach. Unterwegs kann die Wolfsschlucht und die
„Houllay", ein römerzeitlicher Steinbruch zur Mühlsteingewinnung, erkundet werden bevor der Rundwanderweg zurück nach
Weilerbach führt.

## 35 Schweineställe-Schlucht

UTM 32 312892 5523756

Die 300 m lange, bis 60 m
breite und 40 m tiefe Schlucht
am Rand des Ferschweiler Plateaus bei **Bollendorf** wurde
früher – ganz ihrem Namen
entsprechend – als Rastplatz für
Hausschweine genutzt. Die Felswände bestehen aus feinkör-
nigem Sandstein des Lias (Jura),
dem so genannten Luxemburger Sandstein. Er entstand als
Schelfablagerung unter Gezei-
teneinfluss, besitzt ein kalkiges
Bindemittel und enthält kalkige
Fossilreste sowie Gerölle aus
Gesteinen der Ardennen.

Schweineställe.

## 36 Wasserfälle im Ahlbachtal

UTM 32 325202 5538669

Knapp drei Kilometer östlich von **Bitburg** erstreckt sich eine
romantische Schlucht in Kalksteinen des Muschelkalk (Trias).
Der Ahlbach entspringt hier einer Karstquelle und bildet unweit des Eintritts in die Schlucht einen schönen Wasserfall. In
den Kalkstein gehauene Treppen führen zu ihm hinab. Weiter
talabwärts erweitert sich die Schlucht und der Ahlbach stürzt in
einem zweiten Wasserfall herab.

Irreler Wasserfälle.

Vier **Rundwege** erschließen interessante Buntsandstein-Felsen und -Höhlen sowie römische Bergbaureliquie im Wald zwischen **Kordel** und **Butzweiler**. Info-Tafeln erläutern Geologie, Gewässer, Flora und Fauna sowie die Geschichte. Startpunkt der Wanderungen ist die Einmündung des Butzerbachs mit seinen zahlreichen Wasserfällen in die Kyll.

Das Kupferbergwerk.

Das *Römische Kupferbergwerk*, („Die Pützlöcher" – Pütz = Wasserloch) unweit von **Butzweiler** zählt zu den größten und ältesten römischen Bergwerken in Deutschland. Hier wurde nach Erzen gegraben. Doch die Ausbeute in den Stollen und Schächten war relativ gering, so dass das Bergwerk nach wenigen Jahren zugunsten eines Steinbruches aufgegeben wurde. Zahlreiche Schrotgräben, Keil- und Hebellöcher zum Abspalten von Gesteinsblöcken sind noch erkennbar. Der Steinbruch war noch im 3. Jahrhundert in Betrieb. Auch Steinquader der Porta Nigra in Trier stammen von hier. Die hellgrauen Sandsteine des „Schwarzen Tors" haben erst nach ihrem Einbau (2. Jh. n. Chr.) durch Witterungseinflüsse eine dunkle Patina erhalten.

Höhle am Rundwanderweg.

Die *Genovevahöhle*, benannt nach der Gemahlin des Pfalzgrafen Siegfried, liegt hoch über dem Kuttbachtal am Steilhang der Elterlei. Sie ist etwa 15 m breit und acht bis zehn Meter hoch und war während der Altsteinzeit besiedelt.

## Eifel – Gutland

■ *Römisches Kupferbergwerk, Deutsch-luxemburgische Touristinformation,* Moselstraße 1, 54308 Langsur-Wasserbilligerbrück, ☏ 06501/602666, @ info@lux-trier.info, www.lux-trier.info
■ *Eifel Tourismus GmbH,* Kalvarienbergstraße 1, 54595 Prüm, ☏ 06551/96560, @ info@eifel.info, www.eifel.info

Bei **Kordel** findet man eine Vielzahl von Buntsandstein-*Felsen* und -Höhlen, unter anderem die Kaulay, Geyersley und Spitzley. Während die Gesteinsschichten durch tektonische Bewegungen gehoben wurden, grub sich die Kyll immer tiefer in das Gestein. Die Geyersley und benachbarte Felsen mit bis zu 30 m hohen Wänden sind durch selektive Verwitterung entstanden. Stark verfestigte grobe Konglomerat-Bänke bilden die Plateaus, die darunter liegenden, weicheren Sandsteine verwittern leichter und bilden die Wände und mächtigen Hangschutt.

Sandstein mit Bearbeitungsspuren.

## 38 Via Caligа

UTM 32310036 5493670 ▶ 19 – 21 km ▶ 5h 30min – 6h

Der Wanderweg von **Palzem** über Kreuzweiler, Rommelfangen und das Helenenkreuz nach **Wincheringen** folgt streckenweise der alten Römerstraße Metz – Trier. Die römische Riemensandale caliga dient als Logo. 24 Info-Tafeln auf Kalksteinblöcken erläutern die Geologie an der Obermosel und berichten über die Römer, den Weinbau, die Forst- und Landwirtschaft sowie kulturhistorische Begebenheiten. Der Weg kann von Palzem (rote Markierung, 21 km, 6h) oder Wincheringen (gelbe Markierung, 19 km, 5h 30min) aus begangen werden.

## Infos

■ *Saar-Obermosel Touristik,* Graf-Siegfried-Straße 32, 54439 Saarburg, 06581/995980, @ info-saarburg@saar-obermosel.de, www.saar-obermosel.de

Über die Weinberge von **Nittel** ragen Kalksteinwände des Muschelkalk (Trias) auf. Vom Ortszentrum leiten Wegweiser zum Felsenweg. Die sanft ansteigenden Weinberge weichen in Richtung des Ortes Wellen den schroffen Wänden der Nitteler Felsen. Von der monumentalen Hand am Farst, eine der Skulpturen des Bildhauersymposiums „Steine am Fluss", führt der Rundweg oberhalb der eindrucksvollen Felswände an der Kante entlang zum Windhof. Unterwegs beeindrucken schöne Ausblicke über das Moseltal bis nach Luxemburg. Vom Windhof geht es entlang der Straße nach Nittel zurück.

Igeler Felsen.

Das Moseltal ist eine typische Schichtstufenlandschaft. Der untere, sanft ansteigende Talhang wird von weichen, leicht verwitternden Gipsmergeln des Muschelkalk (Trias) aufgebaut, die sich besonders für den Weinbau eignen. Darüber folgen steile, bewaldete Hangbereiche aus hartem, verwitterungsbeständigem Trochiten-Dolomit. Ganz oben treten sie als helles Felsband zu Tage. Die *Felsen* in **Igel** sind beliebte Kletterfelsen. Der *Igeler Sprung* ist eine Verwerfung: Zu Beginn des Quartär wurden rote Sandsteine des Buntsandstein (frühe Trias) um 150 m gegenüber hellgrauen Gesteinen des Muschelkalk (mittlere Trias) angehoben. Seither ist der Höhenunterschied durch Abtragung ausgeglichen worden. Hinter der Verwerfung kommt roter Buntsandstein zu Tage. Die intensive Rotfärbung weist auf wüstenhafte Bedingungen im Buntsandstein vor 244 Millionen Jahren hin, lange bevor das heranflutende Muschelkalk-Meer die Ablagerung von Ton, Gips und Dolomit (graue Farbtöne) ermöglichte.

## Eifel – Gutland

**»** **Trochiten** sind fossil erhaltene Seelilien-Stielglieder ( ▶ Foto links: Trochitenkalk).

Eurypteride, ein fossiler Seeskorpion.

# Stichwort –
# Devonmeer

Die devonischen Ablagerungen des Rheinischen Schiefergebirges haben für die Geowissenschaften internationale Bedeutung. Über vier Milliarden Jahre gab es die Erde schon, als in jenem Erdzeitalter eine „grüne Revolution" die Grundlage unseres Lebens legte: Die Pflanzen verließen das Wasser und begannen, das Land zu erobern. Die Eifel befand sich damals, vor etwa 400 Millionen Jahren, im Randbereich eines ausgedehnten Flachmeeres. Zahllose Fossilfunde in den Meeres- und Flussdeltaablagerungen, heute als Sandsteine und Tonschiefer vorliegend, belegen die explosionsartige Entwicklung von Fauna und Flora. In den Museen und geologischen Aufschlüssen der Region kann man diese Entwicklung nachvollziehen und buchstäblich begreifen. Wissenschaftler aus aller Welt beschäftigen sich mit diesen Zeugnissen der Erdgeschichte. Die devonischen Gesteine bergen aber auch noch andere Schätze. Bereits seit der Römerzeit wurden Blei-, Zink-, Kupfer- und Silbererze in mehreren Bergrevieren gewonnen, in der Eifel zuletzt bei Bleialf, Virneburg und Mayen. Auch Eisenerze wurden jahrtausendelang genutzt und begründeten eine ehemals bedeutende Industrie in der Region. Noch heute wird wertvoller Dachschiefer abgebaut und gelangt als „Moselschiefer" auf den Weltmarkt.

## Infos

Erzhalden im Ehrental.

Das Besucherbergwerk.

In der Eifel wurde erstmals 1158 der Abbau von Blei urkundlich belegt. Die Bergbauaktivitäten reichen aber viel weiter bis in die keltisch-römische Zeit zurück. Im *Mühlenberger Stollen* in **Bleialf** – Wasserlösungsstollen des Bergwerks „Neue Hoffnung", in dem 1840 bis 1886 Bleierze gefördert wurden – sind die ersten 400 m nur mit Schlägel und Eisen aufgefahren worden *(Hohlräume im Berg herstellen)*. Heute ist er auf etwa 120 m für Besucher zugänglich. Die geologische Situation und die Vortriebstechnik, die Abbau- und Fördermethoden sowie die Wasserhaltung werden bei den Führungen unter Tage vorgestellt.

Der *Geologisch-Montanhistorische Lehr- und Wanderpfad Bleialf* startet am Besucherbergwerk südlich des Alfbachs und bietet auf einer kurzen (3 km, sechs Stationen) oder langen Variante (9 km, 12 Stationen) einen Überblick über die Geschichte des Bleierzbergbaus. Bleialf liegt nur fünf Kilometer von der deutsch-belgischen Grenze entfernt am Rande der Schneeeifel. Mineralsammler schätzen die Region vor allem wegen der Cerussitkristalle.

## Eifel – Gutland

■ *Bergmannsverein St. Barbara,* Auwer Straße 32, 54608 Bleialf, ◐ 06555/8504 oder 1016, @ info@besucherbergwerk.bleialf.org, www.besucherbergwerk.bleialf.org, ◔ Mai – Okt. Sa und So 14 – 16.15 Uhr.

## 42 Geopfad Wetteldorf

UTM 32319420 5558327  ▶ 2 km ▶ 35min

Der Ort **Schönecken** ist unter den Geowissenschaftlern weltweit bekannt, denn hier befindet sich der so genannte *Wetteldorfer Richtschnitt*. Dabei handelt es sich um ein Profil durch eine
lückenlose devonische Gesteinsserie. Eine Hütte schützt heute
dieses Zeitzeugnis der Erdgeschichte vor Witterungseinflüssen.
1982 wurde unter maßgeblicher Beteiligung des Senckenberg
Forschungsinstitut und Naturmuseum, Frankfurt/Main, der Eich-
punkt der geologischen Zeitgrenze zwischen dem Unter- und
Mitteldevon international festgelegt. Der Rundkurs des *Geopfads
Wetteldorf* führt vom Parkplatz „Schönecker Schweiz" in Schönecken zu interessanten devonischen Gesteinsaufschlüssen sowie am
Wetteldorfer Richtschnitt vorbei.

## 43 Devonium

UTM 32311396 5552230

Das Devonium in **Wax-
weiler** stellt die spannende
Geschichte der Evolution
während des Devon vor.
Die Besiedlung des Festlands
ging von ehemaligen Süßwas-
seralgen aus, die sich an das
zunächst lebensfeindliche
Land anpassten und später
die ersten Landpflanzen
hervorbrachten. Viele der
frühen Pflanzen haben noch
heute lebende Verwandte,
wie Moose, Bärlappgewächse

Im Devonium.

und Farne. Damals lag Waxweiler in einem Flussdelta, vergleichbar
dem heutigen Orinoco-Delta Venezuelas. Aus seinen Sedimenten
wurden Muscheln, Spinnen, Seeskorpione und verschiedene Fischarten, vor allem aber einzigartige fossile Pflanzenfunde geborgen.
Das Museum präsentiert diese Fossilfunde und informiert interaktiv über die Ablagerungsbedingungen der Gesteinsschichten.

## Infos

■ *Tourist-Information Daun,* Leopoldstr. 5, 54550 Daun, ✆ 06592/9513-0,
@ touristinfo@daun.de, www.tourismus.daun.de
■ *Devonium Waxweiler,* Hauptstraße 28, 54649 Waxweiler, ✆ 06554/811,
@ devonium@waxweiler.com, www.devonium.de, ⏱ Mo, Di, Fr 9 – 12 und
13.30 – 16.30 Uhr, Do 9 – 12 Uhr, Sa 10 – 12 und So 14 – 16.30 Uhr
während der Ferien in RLP, Führungen jederzeit nach Voranmeldung.

## 44 Haus Islek

UTM 32298426 5550134

An einem dreidimensionalen Geländemodell werden im Museum der Tourist-Info in **Daleiden** in multimedialer Form Informationen zur Natur- und Landeskunde der Landschaft Islek vermittelt. Der Islek bezeichnet ein Gebiet in der Westeifel, das sich durch seine waldreichen, tiefen Täler und seine freien Bergrücken auszeichnet. Es liegt zwischen den Flüssen Our, Sauer sowie Kyll und reicht nach Luxemburg und Belgien. Außer der Geologie werden die Flora und Fauna des Naturschutzgebietes, die Landwirtschaft sowie die regionale Geschichte präsentiert.

## 45 Historisches Eisenmuseum

UTM 32328618 5579194

Eifeler Eisenprodukte.

Vorkommen von Roteisenstein (Hämatit) aus dem Devon und Brauneisenstein (Limonit) aus dem Tertiär begründeten in der Eifel die Blütezeit der Eisenindustrie. Die ältesten Spuren der Eisenverhüttung nördlich der Alpen stammen aus der Eifel, wo bereits Kelten das kostbare Metall gewannen. Die Römer waren hier in punkto Eisen bis ins 3./4. Jahrhundert aktiv. Gefördert durch die Landesherren entstanden vom 15. bis Ende des 18. Jahrhunderts etwa 50 Hüttenwerke, darunter 1687 die noch heute bestehende Gießerei Jünkerath. Anfang des 19. Jahrhunderts waren die oberflächennahen Lagerstätten erschöpft. Schließlich besiegelte günstiger hergestelltes Eisen aus England (man nutzte statt Holzkohle nun Steinkohle bei der Reduktion) das Ende der Eifeler Hütten. Das Museum in **Jünkerath** dokumentiert die Geschichte der einst so bedeutenden Eifeler Eisenindustrie und zeichnet ihre technische Entwicklung nach. Die Bedeutung von Holz und Wasserkraft für die Eisenverhüttung wird anschaulich erläutert. Keltische und römische Gegenstände aus Eisen sowie eiserne Öfen und Herdplatten können Besucher besichtigen. Lebendig wird es im Museum immer, wenn das Formen und Gießen von Metallen vorgeführt und erklärt wird.

# Eifel – Gutland

- ■ *Tourist-Info Haus Islek,* Hauptstraße 51, 54689 Daleiden,
  ℡ 06550/9296838, @ www.islekercard.org, www.quomodo.de,
  ☉ Mo, Mi – Fr ab 17 Uhr, Sa, So 11 – 22 Uhr
- ■ *Historisches Eisenmuseum Jünkerath,* Römerwall 12,
  54584 Jünkerath, ℡ 06597/1482, @ eisenmuseum@vulkaneifel.de,
  www.eisenmuseum-juenkerath.de, ☉ 15. März – 31. Oktober: Di – Fr und
  So 13 – 16.30 Uhr, Führungen und Programme jederzeit nach Voranmeldung.

Vulkanmuseum in Daun.

# Vulkane

Vulkanausbrüche in der Eifel reichen in der Erdgeschichte bis ins Tertiär zurück. Zeugnisse dieser etwa 35 bis 45 Millionen Jahre alten Vulkantätigkeit finden sich vor allem in der Hoch- und Westeifel. Während dieser älteren und einer jüngeren Phase vulkanischer Aktivität – beginnend vor etwa einer Million Jahren – sind mehrere Hundert Ausbruchzentren entstanden. Von Bad Bertrich aus nach Nordwesten bis zur belgischen Grenze sind es insbesondere die Maare und die markanten Schlackenkegel, die den Vulkanismus im Landschaftsbild verdeutlichen. Schlackenkegel (▶ Seite 84) entstehen, wenn sehr heißes Magma in Lavafontänen und -fetzen aus einem Schlot ausgeworfen wird. Häufig traten auch glutflüssige Lavaströme aus, die zu wertvollen Basaltvorkommen erkalteten. In der Osteifel setzte der Vulkanismus vor mehr als einer halben Million Jahren ein. Seit dem Ausbruch des Ulmener Maars vor etwa 10.000 Jahren ruhen die vulkanischen Aktivitäten in der Eifel, sieht man von den noch heute sprudelnden Mineralquellen und Kohlendioxidaustritten einmal ab.

## Infos

Weinfelder Maar.

# Nationaler Geopark

Der Nationale Geopark Vulkanland Eifel erstreckt sich über ein Gebiet von rund 2.200 km² zwischen der belgischen Grenze im Westen und dem Rhein im Osten quer durch die Eifel. Eine Region, in der das Feuer aus der Erde markante Spuren hinterlassen hat. Unter dem Dach des Nationalen Geoparks arbeiten die drei bestehenden Vulkan- und Geoparks der Eifel zusammen: Der *Vulkaneifel European Geopark* in der Westeifel, der *Vulkanpark im Landkreis Mayen-Koblenz* und der *Vulkanpark Brohltal/Laacher See* in der Verbandsgemeinde Brohltal.

Die Anerkennung als Nationaler Geopark in Deutschland erfolgte im Jahr 2005. Er ist durch die Vielfalt des vulkanischen Formenschatzes wie Maare, Schlackenkegel, Lavaströme, Dome, Calderen *(Einbruchskrater)* und unzählige sprudelnde Quellen geprägt. Geologische, vulkanologische und kulturhistorische Sehenswürdigkeiten werden erklärt und in informativen Museen aufbereitet. Erschlossen wird der Nationale Geopark durch eine Vielzahl gut ausgeschilderter

Gemündener Maar.

## Eifel – Gutland

■ *Vulkaneifel European Geopark,*
*Natur- und Geopark Vulkaneifel GmbH,*
*Mainzer Straße 25, 54550 Daun,*
℡ *06592/933200,*
@ *geopark@vulkaneifel.de,*
*www.geopark-vulkaneifel.de,*
*www.deutsche-vulkanstrasse.com*

Nationaler Geopark
**VULKANLAND EIFEL**

# Vulkanland Eifel

Wander-, Rad- und Autorouten. So verbindet die **Deutsche Vulkanstraße**, die am Parkplatz Erntekreuz am Laacher See beginnt, auf 280 km Länge die Geo-Highlights miteinander. 39 ausgewählte Stationen machen die Welt des Eifel-Vulkanismus buchstäblich begreifbar. Auf der Autoroute (▶ Karte Seite128) lässt sich der Nationale Geopark in ein- oder mehrtägigen Etappen erfahren: Tiefe Einblicke in die Entstehungsgeschichte einer beeindruckenden Landschaft und nachhaltige Eindrücke vom Leben der Menschen und seinen Vulkanen werden deutlich.

Die Lavabombe.

Die Ettringer Lay.

## Infos

■ **Vulkanpark Mayen-Koblenz,** Vulkanpark GmbH, Infozentrum Rauschermühle, Rauschermühle 6, 56637 Plaidt, ☎ 02632/98750 oder 0180/1885526, @ info@vulkanpark.com, www.vulkanpark.com
■ **Vulkanpark Brohltal/Laacher See,** Info-Zentrum, Kapellenstraße 12, 56651 Niederzissen, ☎ 02636/19433, @ tourist@brohltal.de, www.brohltal.de

## 47 Gold-Berg

UTM 32 319200 5579161

Der Gold-Berg nordöstlich **Ormont** ist der westlichste Vulkan der Eifel. Seinen Namen verdankt er dem dunkelbraunen, golden glänzenden, blättchenförmigen Glimmermineral Biotit (▶ Seite 88) in den vulkanischen Schlacken. Gelegentlich sind hier auch grünliche, faustgroße Knollen des Minerals Olivin (▶ Foto Seite 87) zu finden. Diese Olivin-Knollen stammen aus dem oberen Erdmantel und wurden bei der explosionsartigen Eruption des Magmas an die Erdoberfläche gefördert.

## 48 Vulkangarten

UTM 32 326010 5573415    ▶ 0,8 km ▶ 15min

Der Vulkangarten am Steffelnkopf südwestlich **Steffeln** erschließt ein einmaliges Geotop-Ensemble in einem stillgelegten Tuff-Abbau. Ein Lehrpfad – Rundweg mit 24 Stationen, Info-Tafeln und Experimentierstationen – erläutert unter anderem eine Kraterrand-Diskordanz, wo die Tuffschichten nicht parallel übereinander sondern winklig zueinander liegen. Außerdem sind ein Aschestrom mit Fließtexturen, der Versatz von Tuffschichten an Verwerfungen sowie Einschlagtrichter von Vulkanbomben (geschossähnlich ausgeworfenen Gesteinsblöcke) in den Tuffen zu entdecken. Der Vulkangarten ist Station 31 der Deutschen Vulkanstraße (▶ Karte Seite 128).

Steffelnkopf.

## Eifel – Gutland

■ *Touristinformation Oberes Kylltal,*
*Burgberg 22, 54589 Stadtkyll,*
☏ *06597/2878,* @ *info@obereskylltal.info,*
*www.obereskylltal.info,*
*www.deutsche-vulkanstrasse.com*

Vulkangarten Steffeln.

## 49 Geologisch-Mineralogische Sammlung

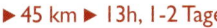

Vor dem Museumsgebäude im Ortszentrum von **Hillesheim** ist eine eindrucksvolle versteinerte Korallenkolonie aus dem devonischen Meer aufgestellt. Korallen kommen ausschließlich im Meer vor. Sie leben meist sesshaft in Kolonien. Soweit sie durch Kalkeinlagerung Skelette bilden, entstehen Korallenbänke oder -riffe, die oft fossil erhalten werden. Die Sammlung im Museum umfasst Fossilien der Eifel aus dem Mitteldevon und der Trias, tertiäre und quartäre vulkanische Gesteine und Minerale der Eifel sowie Minerale aus Deutschland und anderen Ländern (Geologische Zeiten ▶ S. 25).

## 50 Geo-Pfad Hillesheim

UTM 32333766 5573120        ▶ 45 km ▶ 13h, 1-2 Tage

Die Landschaft um **Hillesheim** ist geologisch sehr vielfältig. Über dem Grundgebirge aus gefalteten devonischen Sandsteinen und Schiefern liegen in nahezu horizontaler Lage Sand- und Tonsteine des Buntsandstein. Diese Gesteine waren schon vorhanden, als die intensive Vulkantätigkeit in der Eifel während des Tertiär und Quartär stattfand. Der Geo-Pfad Hillesheim umfasst insgesamt 40 Stationen mit 62 Info-Tafeln und ist in vier Rundwanderwege mit je einem Info-Zentrum als Startpunkt unterteilt. Die Gesamtlänge der vier Rundwanderwege (Bereiche *Hillesheim*, *Mirbach*, *Zilsdorf* und *Kerpen*) beträgt 135 km. Im Info-Pavillon am Weiher im Bolsdorfer Tälchen dem Ausgangspunkt der Wanderung im Bereich *Hillesheim* (Streckenlänge zirka 45 km) erhält der Besucher allgemeine Informationen zum Leben auf der Erde, zum Kreislauf der Gesteine oder zur Eifel während des Devon und des Buntsandstein. Auch wie Vulkane und Eisenerz in der Eifel entstanden sind oder welche Bedeutung das Bolsdorfer Tälchen für die Umwelt hat, wird hier auf Info-Tafeln anschaulich erläutert.

Steinbruch im Arensberg.

## Infos

■ **Geologisch-Mineralogische Sammlung,** *Burgstraße 20, 54576 Hillesheim,* ☎ *06593/809200,* @ *touristik@hillesheim.de, www.hillesheim.de,* ☉ *nach Voranmeldung.*

■ **Urlaubsregion Hillesheim/Vulkaneifel e. V.,** *Graf-Mirbach-Straße 2, 54576 Hillesheim,* ☎ *06593/809200,* @ *touristik@hillesheim.de, www.geopfad.de*

79

## 51 Geo-Pfad Mirbach

UTM 32334885 5580803  ▶ 4,8 km ▶ 1 h 20min

Im Info-Pavillon an der Kapelle in **Wiesbaum-Mirbach** führen sechs Info-Tafeln in die Geologie um Mirbach ein: Hier gibt es überwiegend Sand- und Tonsteine des frühen Devon sowie sandig-tonige Kalksteine des mittleren Devon. Fossilreiche Lagen bilden die Umrandung der Dollendorfer Kalkmulde. Feinkugeliges (oolithisches) Roteisenerz markiert dabei den Übergang zu den Kalksteinen. Im tropischen Schelfmeer waren riffbildende Organismen wie Stromatoporen und Korallen, daneben Seelilien sowie Brachiopoden weit verbreitet. Als jüngste devonische Ablagerung sind mächtige Dolomitgesteine erhalten. Auf dem Rundwanderweg, der an der Kapelle startet, können Wanderer bei Wiesbaum, südlich Mirbach gut erkennen wie die devonischen Gesteine von rötlich-braunen Sand- und Tonsteinen des Buntsandstein (Trias) überlagert werden. Der Geo-Pfad ist Teil des Geo-Pfads Hillesheim.

## 52 Vulkan Arensberg und Geo-Pfad Zilsdorf

UTM 32338367 5573105 ▶ 35 km ▶ 1-2 Tage

Arensberg.

Bereits vor mehr als 60 Millionen Jahren gab es in der Hillesheimer Kalkmulde einen Vulkanausbruch: Der Arensberg nordöstlich **Walsdorf** ist ein tertiärer Vulkan. Während seiner ersten Ausbruchsphase brachte er mit der Lava Gesteine aus noch früheren Erdzeiten an die Oberfläche. So beispielsweise Schiefer und Sandsteine des frühen Devon, Kalkgestein des mittleren Devon sowie Sand- und Kalkgestein der Trias (▶ Grafik Seite 25). Bruchstücke der Gesteine wurden in die aufschießende Lava eingeschlossen. In den mitgerissenen Kalksteinen haben sich durch die Hitzeeinwirkung der glutflüssigen Lava neue Minerale (Kalksilikate) gebildet. Das basaltähnliche Gestein ist reich an Gasblasen, die teilweise mit Mineralen gefüllt sind. Beispiele davon sind in der Geologisch-Mineralogischen Sammlung in Hillesheim zu sehen (▶ Tipp 49). Gegen Ende einer

## Eifel – Gutland

■ **Urlaubsregion Hillesheim/Vulkaneifel e. V.,** *Graf-Mirbach-Straße 2, 54576 Hillesheim,* ☏ *06593/809200,* @ *touristik@hillesheim.de, www.geopfad.de, www.deutsche-vulkanstrasse.com*

zweiten Ausbruchsphase bildeten sich in der im Vulkanschlot stecken gebliebenen Lava beim Erkalten Schrumpfungsrisse, mit der typischen Säulenform. Durch einen Tunnel, an dessen Wänden der Aufbau des Vulkanmantels aus Aschen- und Blocktuffen gut erkennbar ist, gelangt man in den durch einen früheren Steinbruchbetrieb ausgeräumten Vulkanschlot. Das Geotop ist zugleich Station 24 des Geo-Pfads Hillesheim (▶ Tipp 50) sowie Station 30 der Deutschen Vulkanstraße (▶ Karte, Seite 128). Am Gemeindehaus in Zilsdorf stehen zwei Übersichtstafeln des Geo-Pfads Zilsdorf zu Mineral- und Thermalwässern der Eifel.

## 53 Geo-Pfad Kerpen

UTM 32338554 5575684  ▶ 50 km ▶ 2 Tage

Die Landschaft um **Kerpen** wird von devonischen Kalksteinen der Hillesheimer Kalkmulde geprägt. An der Burg Kerpen führen fünf Info-Tafeln in die Vorgänge bei der Entstehung einer Karstlandschaft sowie in die Natursteingewinnung ein. Kalksteine werden hier seit keltisch-römischer Zeit abgebaut. Mit dem Begriff Karst, abgeleitet von der slowenischen Landschaft Kras, bezeichnet der Geologe Landschaftsformen, die auf einem Untergrund aus Kalkstein entstehen. Typische Merkmale einer Karstlandschaft sind zerklüftete Felsen, Einsturztrichter (= Dolinen) und Höhlen. Im porösen Kalkstein versickert kohlensäurehaltiges *(saures $CO_2$ haltiges)* Regenwasser und löst Hohlräume aus dem Gestein heraus, so dass sich Höhlen mit Stalaktiten (hängenden) und Stalagmiten (vom Boden aufragenden Tropfsteinen) bilden. Oberirdisch fließendes Wasser verschwindet in solchen Hohlräumen und fließt unterirdisch weiter. An anderer Stelle tritt das Wasser dann als Karstquelle zutage. Dort wird im Wasser gelöster Kalk wieder abgeschieden. Solche Kalkabscheidungen werden als Travertin bezeichnet. Der Geo-Pfad Kerpen ist Bestandteil des Geo-Pfades Hillesheim (▶ Tipp 50).

Die Teufelsklippe.

## Infos

» **Eifeler Kalkmulden:** Bei der Auffaltung des Rheinischen Schiefergebirges entstanden aus kalkigen Sedimenten des mittleren Devon acht große Muldenstrukturen.

UTM 32341174 5577126

Wachsender Wasserfall: Der Wasserfall Dreimühlen am Ahbach nordöstlich **Üxheim-Niederehe** ist wegen seiner mächtigen Kalkablagerungen aus Travertin (▶ Tipp 53) weithin bekannt. An diesem Geotop kann der Vorgang der Travertin-Bildung „live" verfolgt werden. Das Geotop, das jährlich um einige Zentimeter wächst, ist als Naturdenkmal ausgewiesen und zugleich Station 18 des Geo-Pfads Hillesheim (▶ Tipp 50).

## 55 Zisterziensermarmor

UTM 32339586 5575936

In einem stillgelegten Steinbruch westlich von **Üxheim-Niederehe** an der Straße nach Kerpen (Eifel) lassen sich Riffkalksteine des mittleren Devon beobachten. Interessant ist der mehrfache Wechsel von fossilreichen Kalksteinen mit Brachiopoden *(muschelähnliche „Armfüßer": Meerestiere mit zwei Schalenklappen)* und Korallen sowie mergeligen *(tonhaltigen)* Kalksteinen. Im Gegensatz zu solchen Kalksteinen ist „echter" Marmor ein Produkt der Gesteinsmetamorphose *(Umwandlung eines Gesteins durch höheren Druck und Temperatur)*. Diese führt zu deutlich gröberer Korngröße und gleichkörniger Struktur. „Echte" Marmore gibt es in Rheinland-Pfalz nicht. Das Geotop ist Station 21 des Geo-Pfads Hillesheim (▶ Tipp 50).

Marmor.

## Eifel – Gutland

■ *Urlaubsregion Hillesheim/Vulkaneifel e. V.,* Graf-Mirbach-Straße 2, 54576 Hillesheim, ☎ 06593/809200, @ touristik@hillesheim.de, www.geopfad.de, www.deutsche-vulkanstrasse.com

UTM 32333580 5565906

Unterhalb des mächtigen Dolomitfelsens und der Ruine Löwen-
burg befindet sich das Naturkundemuseum **Gerolstein**. Auf drei
Etagen werden die steinernen Zeugen der erdgeschichtlichen
Vergangenheit der Region ausgestellt. „Willi Basalt" und die „Vul-
kaneifel-Familie" führen
durch eine umfassende
regionale Präsentation aus
den Bereichen Paläon-
tologie *(Wissenschaft von
den Lebewesen vergangener
Erdzeitalter)*, Mineralogie
und Vulkanismus. Berühmte
Fossilien des Devon, die
in der Region gefunden
wurden, sind hier zu be-
wundern: Dreilappkrebse
(Trilobiten), Schwämme,
Seelilien (Crinoiden),
Armfüßer (Brachiopoden),
Schnecken, Tintenfische
und Korallen. Letztere
bauen das Riff des einstigen
tropischen Flachmeeres auf,
das auf dem Geo-Rundweg
„Gerolsteiner Dolomiten"
der Geo-Route Gerolstei-
ner Land erkundet werden
kann. Auch die Abteilungen
Ur- und Frühgeschichte mit
einer Steinzeithöhle und
die interaktive Waldabtei-
lung sind bei Jung und Alt
beliebt. Eine Multimedia-
Diashow zur Entstehung
der Vulkaneifel rundet das
Angebot ab.

Naturkundemuseum Gerolstein.

## Infos

■ *Naturkundemuseum Gerolstein, Hauptstraße 72, 54568 Gerolstein,*
*☏ 06591/94991-0, @ touristinfo@gerolsteiner-land.de,*
*www.gerolsteiner-land.de , www.geopark-vulkaneifel.de,*
*☉ Ostern – Ende Okt.: Montag bis Freitag 14 – 17 Uhr,*
*Samstag, Sonntag, Feiertag 11 – 17 Uhr, Nov. bis März:*
*Weihnachtsferien RLP und NRW, Neujahr, Fastnacht, Ostern,*
*Führungen für Gruppen jederzeit auf Anfrage.*

## 57 Hundsbachtal

UTM 32330559 5562931

Lavastrom im Hundsbachtal.

Ein Erdzeiten-„Bett": Der Hundsbach südlich **Gerol-stein-Lissingen** hat sich durch den 30 m mächtigen quartären Basalt-Lava-strom des Kalem und weitere 50 m in die darunter liegenden devonischen Schiefer und Sandsteine eingeschnitten. Bemerkenswert ist, dass der Lavastrom im Vorläufer des heutigen Kylltals zeitweise talaufwärts floss, weil die zuerst austretende Lava rasch erkaltete, das Tal versperrte und so nachdringende Lava sich zunächst zu einem Lavasee aufstaute. Das Geotop ist Station 34 der Deutschen Vulkanstraße (▶ Karte Seite 128).

## 58 Eishöhlen und Rother Kopf

UTM 32330271 5568929

Eingang zu einer Eishöhle.

„Antike" Kühlgeräte: Die *Rother Eis-höhlen* bei **Gerolstein** sind durch bergmännische Tätigkeit entstanden. In ihnen findet keine Luftzirkulation statt und die Luft wird durch das umgebende feuchte Gestein so stark gekühlt, dass sogar Eisbildung möglich ist. Früher nutzte man solche Höhlen gerne zur Lagerung von Lebensmitteln – als natürliche Kühlschränke.

Am *Rother Kopf* nordwestlich Gerolstein wurden einst aus dem durch vulkanische Hitzeeinwirkung versinterten grobkörnigen Tuff Mühlsteine gewonnen. Wegen ihrer porösen, rauhen Beschaffenheit eigneten sie sich besonders für den Einsatz in den früher zahlreichen Lohmühlen. Der eingestürzte ehemalige Tagebau bildet heute eine (für Besucher leider unzugängliche) Höhle. Die Höhlen sind Station 32 der Deutschen Vulkanstraße (▶ Karte Seite 128).

## Eifel – Gutland

» Tritt bei einer Eruption fontänenartig glutflüssige Lava aus, so häufen sich die herausgeschleuderten Lavafetzen allmählich zu einem kegelförmiger Gebilde auf, das man **Schlackenkegel** nennt. Solche Schlackenkegel sind oft nur einige Meter hoch, können aber in Abhängigkeit von der Eruptionsdauer und der Intensität des Schlackenwurfs auch weit größere (bergartige) Ausmaße erreichen.

## 59 Munterley, Buchenloch und Papenkaule

*UTM 32332794 5566457*

Expeditionen ins Riff: Die ***Munterley*** ist Teil der **Gerolsteiner** Dolomiten, die mehr als 100 m über das Kylltal aufragen. Die steilen Felsen sind devonzeitliche Kalkriffe aus Korallen und Stromatoporen *(ausgestorbene schwammähnliche Tiere)*. Der Kalkstein wurde hier durch Zufuhr von Magnesium im Meerwasser zu Dolomit umgewandelt, dabei gingen die ursprünglichen Fossilreste verloren. Das **Buchenloch** an der Nordwest-Flanke der Munterley ist eine 36 m lange. Karsthöhle, die während der Altsteinzeit besiedelt war. An der **Hagelskaule** war der aus der Papenkaule aufgedrungene „Sarresdorfer Lavastrom" durch eine bereits vorhandene Karsthöhle bis an die Kyll geflossen. Die ***Papenkaule*** ist ein vor etwa 15.000 bis 20.000 Jahren in der Gerolsteiner Mulde entstandenes Vulkanzentrum. Heute bildet ein bis 140 m breiter und 30 m tiefer Krater sein Zentrum. All diese Geotope sind Stationen des Geo-Rundwegs „Gerolsteiner Dolomiten" der Geo-Route Gerolsteiner Land; die Geotope Hagels- und Papenkaule sind zugleich Station 33 der Deutschen Vulkanstraße (▶ Karte Seite 128).

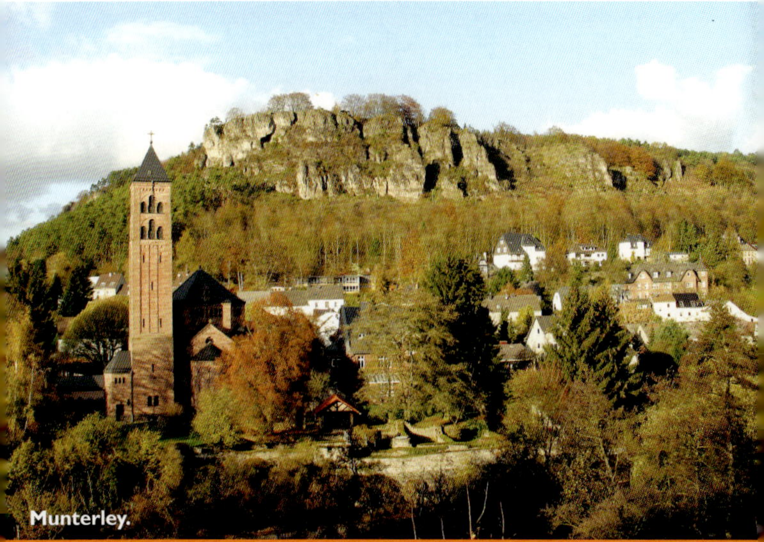

Munterley.

### Infos

Papenkaule.

■ ***TW Gerolsteiner Land,*** *Brunnenstraße 10, 54568 Gerolstein, ✆ 06591/94991-0, @ touristinfo@gerolsteiner-land.de, www.gerolsteiner-land.de, www.geopark-vulkaneifel.de, www.deutsche-vulkanstrasse.com*

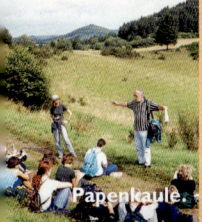

UTM 32...

Rockeskyller Kopf.

Wie die Erde Feuer spie und Asche regnete kann man in der Eifel kaum besser sehen als hier: Westlich von **Rockeskyll** liegt der wohl am vollständigsten erhaltene und durch jahrzehntelange Abbautätigkeit hervorragend aufgeschlossene Vulkankomplex der Vulkaneifel, der Rockeskyller Kopf. Hierbei handelt es sich um einen Schichtvulkankomplex, der aus mehreren miteinander verschachtelten Einzelvulkanen besteht. Ein Schichtvulkan ist durch abwechselnden Auswurf von glühenden Lavafetzen *(Schlacken)* und heißen Aschen gekennzeichnet. Bei der Aktivität eines Vulkans ereignen sich unterschiedliche vulkanische Phänomene, deren Ergebnisse heute noch in der Eifel zu sehen sind. Dazu gehören neben den aufgeworfenen Kraterrändern auch die typischen Basaltsäulen. Solche fünf- oder sechseckigen Basaltsäulen entstehen bei der Abkühlung von Basaltlava und zwar stets senkrecht zur Abkühlungsfront. An einigen Stellen kann man auch durch Hitzeeinwirkung veränderte Buntsandsteinfragmente sehen, die in den Lavastrom hinein gerissen wurden. Außerdem ist die ehemalige Landoberfläche zu erkennen, die mit Aschen überdeckt wurde und fossile Bodenhorizonte enthält. Das Geotop ist Thema des Geo-Rundwegs „Vulkan Rockeskyller Kopf" des Geoparks Gerolsteiner Land.

UTM 32338451 5569334

Mühlsteinlava.

Wo die Mühlsteine an der Decke hingen: Funde belegen, dass am Mühlenberg in **Hohenfels-Essingen** schon in der Steinzeit die mächtigen, porösen und basaltähnlichen Laven des Mühlenberges abgebaut und zur Herstellung von Mühlsteinen verwendet wurden. So fand man Reibsteine aus der Steinzeit und Handmühlen der Römer. Vom Mittelalter bis ins 19. Jahrhundert

## Eifel – Gutland

» Ein **Vulkankomplex** ist eine Ansammlung von eng beieinander liegenden Austrittsorten vulkanischen Materials, typisch für Gebiete mit Spaltenvulkanismus.

fanden große Mühlsteine dann Verwendung in Papier-, Loh- oder Getreidemühlen. Noch heute können die Spuren der intensiven Nutzung beim Gang durch die Höhlen oberhalb von Hohenfels an den Höhlendecken besichtigt werden. Vergleichbar günstige Gesteinsbedingungen gab es nur noch im Mayener Grubenfeld. Das Geotop ist Station 18 des Geoparks Gerolsteiner Land.

## 62  Dreiser Weiher

UTM 32341983 5570854

Das zweitgrößte Maar der Eifel ist der Dreiser Weiher in **Dreis-Brück**. Mit einem Durchmesser von rund 1,3 Kilometer ist es heute ein Trockenmaar: Der Maartrichter ist nicht mehr wassergefüllt, sondern bereits verlandet und wird heute als Wiesenland genutzt. Das Alter des Maares wird zwischen 50.000 und 10.000 Jahren angenommen. Auf den vulkanischen Ursprung weist eine Kohlensäure-Quelle (wirtschaftlich genutzt) hin. In den Aschen des Maarvulkans findet man außerdem Olivin-Knollen (▶ Foto) aus dem oberen Erdmantel. Das Geotop ist Station 29 der Deutschen Vulkanstraße (▶ Karte Seite 128).

Olivin-Knolle.

## 63  Eifel-Vulkanmuseum

UTM 32345151 5562832

Bewegte Erde: Im Raum **Daun** liegt das Zentrum des Westeifel-Vulkanismus. Im Eifel-Vulkanmuseum Daun werden heute dem Besucher die vulkanischen Phänomene und Aktivitäten der Vulkaneifel (und der Welt) präsentiert. Schautafeln, Fotos und Exponate, die aus der Vulkaneifel und zum Teil von aktiven europäischen

## Infos

■ **Eifel-Vulkanmuseum Daun,** Leopoldstraße 9, 54550 Daun, ☏ 06592/985353, @ eifel-vulkanmuseum@vulkaneifel.de, www.vulkaneifel.de, www.geopark-vulkaneifel.de, www.deutsche-vulkanstrasse.com, ☉ 1. März – 15. Nov.: Di – Fr 13.00 – 16.30 Uhr, Sa, So u. feiertags 11.00 – 16.30 Uhr, Führungen für Gruppen nach Vereinbarung.

und asiatischen Vulkanen stammen, vermitteln neben interaktiven Computermodellen die komplexen und spannenden geologischen Vorgänge des Vulkanismus. Eine umfangreiche Sammlung an Mineralien und Fossilien dokumentiert die Erdgeschichte insbesondere des Dauner Raumes. Der Besucher begibt sich aber auch auf eine Zeitreise ins devonische Flachmeer mit seinen Riffen und ihren Bewohnern und erfährt eindrucksvoll wie ein Tsunami entsteht. Das Vulkanmuseum ist Sitz des Geo-Zentrums Vulkaneifel und Station 28 der Deutschen Vulkanstraße (▶ Karte Seite 128).

## 64 Nerother Kopf

UTM 32340045 55623323

Nerother Kopf.

Der markante Vulkankegel des Nerother Kopfes östlich **Neroth** gilt als Zeugnis des quartären explosiven Vulkanismus. Er besteht aus geschichteten Schlacken- und Bombentuffen. Im Westen sind Laven in die Tuffe eingedrungen. Am Gipfel befinden sich eine Höhle mit ehemaligen Mühlstein-Gewinnungsstellen (unzugänglich!) sowie die Ruine der Burg Freudenkoppe aus dem Jahr 1340.

## 65 Wallender Born

UTM 32337158 5558231

Der Mini-Geysir eine überdimensionale Sprudelwasserflasche: Etwa alle 35 Minuten schießt aus dem Wallenden Born eine Wasserfontäne. Kohlendioxid ($CO_2$), im allgemeinen Sprachgebrauch auch als Kohlensäure bekannt, machte die Quelle in **Wallenborn** weithin bekannt. Kohlensäurequellen sind ein Zeichen für die andauernde vulkanische Aktivität im Untergrund: Magmen geben Koh-

Wallender Born.

## Eifel – Gutland

■ *Wallender Born,*
@ *www.wallenborn-eifel.de,*
*www.deutsche-vulkanstrasse.com*

Biotit.

lendioxid ab, das durch Klüfte und Spalten aufsteigt. Wenn es das Grundwasser erreicht, wird es darin gelöst. Sobald die Aufnahmefähigkeit des Wassers für Kohlendioxid überschritten wird, steigt dieses gasförmig auf und liefert weiteren Auftrieb für das gasübersättigte Wasser. Dies führt zur Eruption der überlagernden Wassersäule – wie bei einer geschüttelten Mineralwasserflasche. Der Wallende Born erinnert an einen Geysir, allerdings ist das Wasser kalt (konstant 9 °C). Einen weiteren wesentlich mächtigeren „Kaltwasser-Geysir" gibt es bei Namedy nördlich Andernach (▶ Tipp 107). Das Geotop ist Station 35 der Deutschen Vulkanstraße (▶ Karte, Seite 128).

## 66 Vulkan Kalem

UTM 32329999 5562005

Auf der Südostflanke des Vulkans Kalem nördlich **Birresborn** kann in einem stillgelegten Steinbruch ein Lavastrom mit besonders großen schwarzbräunlichen stengeligen Pyroxen-Kristallen besichtigt werden. An der Nordflanke sind in einer Abgrabung schwarz-beigefarbene, nur locker gepackte vulkanische Aschen zu sehen. Im Haldenmaterial kann

Vulkan Kalem.

man außer Pyroxen-Kristallen zentimetergroße schwarzbräunliche, golden glänzende blättchenförmige Biotit-Kristalle finden. Die Lava wurde früher zur Herstellung von großen Mühlsteinen genutzt. Die Geotope sind Station 34 und 35 der Geo-Route Gerolsteiner Land.

## Infos

» **Biotit** oder **Dunkelglimmer** ist ein gesteinsbildendes Silikatmineral. Silikate sind chemische Verbindungen von Metallen mit Silizium und Sauerstoff. Biotit und der ähnliche Phlogopit bilden in den vulkanischen Gesteinen der Eifel tafelige, sehr gut spaltbare Kristalle, die meist eine goldgelbbraune bis fast schwarze Farbe besitzen. 90 % der Erdkruste bestehen aus Mineralen der Silikatgruppe.

## Stichwort
# Maare

Die „Augen der Eifel" – so werden die meist kreisrunden Maarseen genannt. Sie sind das Wahrzeichen der Vulkaneifel und besitzen eine explosive Geschichte: Wenn heißes Magma beim Aufstieg in der Erdkruste auf wasserführende Schichten trifft, kommt es zu einer schlagartigen Verdampfung des Wassers. Heftige Wasserdampfexplosionen – die Geologen nennen sie phreatomagmatische Explosionen – sind die Folge. Dabei wird das umgebende Gestein im Bereich des Kontaktes zerbrochen und ausgeworfen. Danach bricht die ausgesprengte Explosionskammer ein. An der Erdoberfläche entsteht ein Trichter, der von einem ringförmigen Wall aus den Auswurfmaterialien umgeben ist. Der Trichter kann sich nun mit Wasser füllen: Ein Maarsee entsteht. Die Abtragung des Kraterwalls und Sedimenteintrag in den Maarsee sowie sich ausbreitende Vegetation können dann zur Verlandung des Maars führen. Mindestens 75 Maare sind in der Vulkaneifel bekannt – vom klassischen Maarsee über verlandende Maare mit Moorvegetation bis zu den Trockenmaaren, bei denen lediglich die Landschaftsform den Ursprung verrät.

## Eifel – Gutland

» Der internationale Begriff **Maar** für eine kraterförmige Vertiefung, die durch vulkanische Gasexplosion entstanden ist, geht auf den Trierer Geologen und Gymnasiallehrer Johannes Steininger (1794-1878) zurück. Steininger griff diesen Mundartnamen aus der Eifel als erster auf und führte ihn in der Geologie ein.

Naturwunder an der Perlenschnur: Die Dauner Maare sind als nationales Geotop ausgewiesen. Die berühmtesten Eifel-Maare sind etwa vor 20.000 bis 30.000 Jahren entstanden. Das *Schalkenmehrener Maar* als das flächenmäßig größte der Dauner Maare besteht aus einem Maarsee und einem Trockenmaar, eine weitere Maarstruktur befindet sich im nordöstlich anschließenden Hang. Das *Weinfelder* oder *Totenmaar* ist das höchstgelegene, jüngste und tiefste der Gruppe, das *Gemündener Maar* ist das nördlichste und kleinste. Auf einem Rundweg um das Weinfelder Maar können Wanderer besonders am nordwestlichen Kraterrand devonzeitliche Schiefer und Sandsteine des Grundgebirges erkunden. Die Geotope Schalkenmehrener und Weinfelder Maar bilden die Station 26, das Gemündener Maar Station 27 der Deutschen Vulkanstraße (▶ Karte Seite 128).

Ein Foto – drei Maare.

## Infos

■ *Tourist-Information für das Prümer Land,* Haus des Gastes, Hahnplatz 1, 54595 Prüm, ☎ 06551/505 oder /943207, @ ti@pruem.de
■ @ www.deutsche-vulkanstrasse.com
www.geopark-vulkaneifel.de

## 68 Meerfelder Maar

UTM 32339237 5552287

Das Meerfelder Maar besitzt den größten Maartrichter der West-Eifel. Er entstand vor etwa 35.000 Jahren durch eine explosive Eruption. Der das Maar umgebende Tuffwall enthält zahlreiche Gesteinsbruchstücke von Sandsteinen des Devon und des Buntsandstein.

**Meerfelder Maar.**

Außerdem sind Olivin-Knollen (▶ Foto Seite 87) aus dem oberen Erdmantel nachgewiesen. Die Tuffe überlagern die Gesteine des nahe gelegenen Mosenbergs (▶ Tipp 83) und sind damit jünger als dieser. Das Geotop bei **Meerfeld** liegt auf der Vulkan-Route der Geo-Route Manderscheid und ist zugleich Station 36 der Deutschen Vulkanstraße (▶ Karte Seite 128).

## 69 Dürres Maar, Holzmaar und Hitsche

UTM 32348145 5554006

**Dürres Maar.**

Westlich des Alftals in **Eckfeld** liegen in einer Vulkangruppe drei Maare: das Holzmaar, das Dürre- und das Hitsche Maar. Sie sind nacheinander während der Kaltzeit vor über 20.000 Jahren (Pleistozän ▶ Grafik Seite 25 ) an einer Verwerfung entstanden: zuerst das Hitsche, dann das Dürre und zuletzt das Holzmaar, wie die gegenseitige Überlagerung ihrer Tuffe anzeigt. Dürres und Hitsche Maar sind Trockenmaare. Das *Dürre Maar* ist von einem Wall aus grobkörnigem Tuff umgeben. Das *Hitsche Maar* als eines der kleinsten Eifelmaare ist gerade noch als mit Binsen und Seggen bewachsene rundliche Senke zu erkennen. Das *Holzmaar* westlich **Gillenfeld** ist das geowissenschaftlich am besten untersuchte Eifelmaar. Die

# Eifel – Gutland

**Das Holzmaar.**

■ @ www.deutsche-vulkanstrasse.com
www.geopark-vulkaneifel.de

fein geschichteten Sedimente seines Maarsees bestehen abwechselnd aus hellen und dunklen Lagen, die paarweise den Zeitraum eines einzelnen Jahres umfassen, so genannte Warven. Daher lassen sich an ihnen genaue Altersdatierungen vornehmen sowie jahreszeitliche Änderungen des Klimas der Vergangenheit ermitteln. Die Geotope sind Station 24 und 25 der Deutschen Vulkanstraße (▶ Karte Seite 128).

## 70  Pulvermaar

UTM 32351314 5555544

Die Wissenschaft hat festgestellt: Das fast kreisrunde *Pulvermaar* östlich **Gillenfeld** in einem von hohen Kraterwänden umgebenen Maarkessel ist das Musterbeispiel eines Maars. Es entstand vor 15.000 bis 20.000 Jahren. Mit einer Wassertiefe von etwa 75 m ist der Maarsee der tiefste Eifelsee und einer der tiefsten Seen Deutschlands überhaupt. Das Pulvermaar ist Station 22, das Holzmaar Station 24 der Deutschen Vulkanstraße (▶ Karte Seite 128).

Pulvermaar.

## 71  Vulcano-Infoplattform

UTM 32351377 5560494

Die Plattform auf dem tertiären Vulkan der **Steineberger Ley** ist eine 28 m aufragende ungewöhnliche Holz- und Stahl-Konstruktion. Von der Aussichtsplattform bei Steineberg hat man einen weiten und wunderschönen Blick auf die tertiären Vulkane der Hocheifel sowie auf die quartären in der Umgebung von Gerolstein, Daun, Gillenfeld und Manderscheid. Die Vulcano-Infoplattform ist Station 19 der Deutschen Vulkanstraße (▶ Karte Seite 128).

Infoplattform.

## Infos

Am Schalkenmehrener Maar.

UTM 32351376 5552916    ▶ 6 km 2 h
Eifelmagma auf dem Weg zur Erdoberfläche

**Im Vulkanhaus.**

Spannend und heiß geht es bei einem Besuch im *Vulkanhaus* in **Strohn** zu: Interaktiv begeben sich Besucher hier auf eine Erkundungsreise zum Erdkern und erfahren viel Wissenswertes über den inneren Aufbau der Erde, zur Bewegung der Kontinente (Plattentektonik) und zu den vulkanischen Prozessen.

Ein besonderes Highlight des Museums ist die aus dem Wartgesberg-Vulkan stammende, sechs mal vier Meter große Lavaspaltenwand mit faszinierenden tropfenförmigen Schmelzstrukturen und blau schillernden Eisenoxid-Überzügen. Im Magmakammer-Modell kann der Besucher einem Kristall beim Wachsen zusehen. Maarmodelle veranschaulichen leicht verständlich die Entstehungsprozesse eines Maares bis zu seiner Verlandung. Schließlich wird die Geschichte des Wartgesberg-Vulkans (▶ Tipp 74) und der *Strohner Lavabombe* entschlüsselt.

Der Riesen-Stein ist die Attraktion im Strohner Ortsbild. Mit rund vier Metern Durchmesser und 120 Tonnen Gewicht entstand die Lavabombe durch mehrfachen rollenden Transport glühender, miteinander verschweißender Lavafetzen im Krater des Wartgesberg-Vulkans. Erst in jüngster Zeit fand man am Wartgesberg noch eine 1,5 m große und knapp 1,5 Tonnen schwere vulkanische Bombe. Sie wurde einst wie

**Die Lavabombe in Strohn.**

## Eifel – Gutland

■ *Vulkanhaus Strohn*, Hauptstraße 38, 54558 Strohn, ☎ 06573/953721, @ info@vulkanhaus-strohn.de, www.vulkanhaus-strohn.de, ☼ April – Okt.: Di – So 10 – 17 Uhr, Nov. – März: Di – So 13 – 17 Uhr, Führung bis max. 15 Personen jederzeit nach Voranmeldung.
■ @ www.deutsche-vulkanstrasse.com, www.geopark-vulkaneifel.de

**Im Vulkanhaus.**

ein Geschoss – man sagt auch „ballistisch" – aus dem Vulkan geschleudert. Diese kleine Bombe wird ihren Platz neben der großen Strohner Lavabombe erhalten und den Unterschied zwischen der Entstehung durch ballistischen Flug und rollendem Aufsammeln demonstrieren. Sie ist zusammen mit weiteren, kleinen vulkanischen Bomben Bestandteil des sechs Kilometer langen *Vulkan-Erlebnispfades*. Er verläuft vom Museum über den Standort der Strohner Lavabombe durch die Strohner Schweiz (▶ Tipp 74) mit ihren Aufschlüssen des Wartgesberg-Vulkanismus zurück zum Parkplatz am Museum. Das Vulkanhaus und die Lavabombe sind Station 23 der Deutschen Vulkanstraße (▶ Karte Seite 128).

## 74 Strohner Maarchen und Strohner Wartgesberg

UTM 32352037 5554188

Abweichend von der üblichen Entstehung eines Maars durch explosionsartige Eruption und Heraussprengen eines Trichters aus der Erdoberfläche förderte an der Stelle des heutigen Strohner Maarchens ein schräg liegender Vulkanschlot Schlacken, die den benachbarten Römerberg bilden. Im Vulkanschlot selbst entstand das *Strohner Maarchen* mit einem Durchmesser von heute etwa 170 m. In ihm liegen fast 10 m mächtige Torfablagerungen eines noch intakten Moors. Hier finden rund 250 Pflanzenarten Lebensraum – ein einzigartiger Standort.

Der langgestreckte *Strohner Wartgesberg* entstand aus vermutlich drei großen, auf einer Förderspalte aufgereihten Schlackenkegeln. Zuerst brach der nördliche Vulkan aus, in dessen Kraterwand die Strohner Lavabombe (▶ Tipp 72/73) gefunden wurde. Im mittleren Schlackenvulkan entdeckte man die Strohner Lavaspaltenwand. Als *„Strohner Schweiz"* wird das Durchbruchstal der Alf durch den Strohner Lavastrom bezeichnet. Der Talgrund ist übersät mit Gesteinsblöcken des Strohner Lavastroms und des Wartgesbergs.

## Infos

**Vulkanhaus Strohn.**

## 75 Ulmener Maar und Jungferweiher

UTM 32356067 5564172

Das Küken unter den Eifelvulkanen: Das Alter eines Maares lässt sich an seinen Maarsee-Ablagerungen bestimmen. Danach hat das Maar in **Ulmen** ein Alter von „nur" 10.000 Jahren. Unterhalb der Aschen des *Ulmener Maarvulkans* liegen noch Bimsablagerungen aus dem Laacher-See-Vulkan. Damit ist der Ulmener Maarvulkan der jüngste Eifelvulkan. In der Umrandung des Maarkessels ist ein mächtiger Tuffwall erhalten, durch den der nördlich davon gelegene *Jungferweiher* aufgestaut wurde. Beide Geotope sind Station 18 der Deutschen Vulkanstraße (▶ Karte Seite 128).

## 76 Kratertour Booser Doppelmaar

UTM 32358365 5575484   ▶ 4 km ▶ 1h 10min

**Auf Kratertour.**

Eine einfache Rechnung: Wasser+Magma=Maar? Bei **Boos** sind Wanderer der Lösung auf der Spur: Hier liegen zwei große, von Tuffwällen umgebene Maarkessel, die knapp 14.200 Jahre alt sind. Die Tuffwälle sind von Lavagängen durchzogen und enthalten vulkanische Bomben *(bei einem Vulkanausbruch geschos-sähnlich herausgeschleuderte grobe Vulkangesteinsbrocken)* sowie durch Hitzeeinwirkung verändertes Gestein aus der Wandung des Förderschlots. Gelegentlich sind auch Olivin-Knollen zu finden, die dem oberen Erdmantel entstammen. Am Beispiel des *Booser Doppelmaars* konnte erstmals nachgewiesen werden, dass Maare bei explosiven vulkanischen Eruptionen unter Beteiligung großer Wassermassen (Grund- und/oder Oberflächenwasser) entstehen, während sich ohne Wasserzufuhr

## Eifel – Gutland

**Tuffwall des Booser Doppelmaars.**

zum aufsteigenden Magma Schlackenkegel bilden. Das Booser Doppelmaar ist daher von internationaler geologischer und wissenschaftsgeschichtlicher Bedeutung. Um die Maare verläuft ein *Lehrpfad* mit 35 Info-Tafeln zu Vulkanismus, Land- und Forstwirtschaft sowie Tier- und Pflanzenwelt. Vom 25 m hohen *Booser Eifelturm* haben Besucher einen herrlichen Blick über die Maare, die Eifel sowie bis in den Westerwald und Hunsrück. Vom Ausgangspunkt Jugendheim gelangen Wanderer bequem zum Aussichtsturm und zum Rundweg.

## 77/78/79 Geo-Route

UTM 32359714 5548362  ▶ 10 km ▶ 2h 50min

Auf den Spuren eines Lavastromes wandeln Wanderer auf der Geo-Route in **Bad Bertrich**. Die knapp dreistündige *Geo-Route* beginnt im Römerkessel und führt vom Ende eines Lavastroms zu seinem Ursprung. Gestartet wird an der Info-Tafel in der Kurfürstenstraße (nahe der Touristik-Agentur). Weitere Info-Stationen auf der Wanderung sind: Dachslöcher, Maischquelle, Hardtmaar, Falkenley, Facher Höhe, die Tuffgrube auf Sens, Käse-grotte sowie Elfenmaar.

Was die Elfengrotte – im Volksmund auch *Käsegrotte* (▶ Foto unten) genannt – mit Käse gemein hat, erfahren Wanderer auf der Geo-Route und an Station 20 der Deutschen Vulkanstraße (▶ Karte Seite 128). So ist die Grotte ein künstlich angelegter Stollen im Gestein des Kennfuser Lavastroms im Tal des Elbes-bachs. Der Lavastrom bildete beim Erstarren typische Säulen, außerdem entstanden Klüfte, die die Säulen in kurze Abschnitte zerlegten. Durch die Verwitterung erweiterten sich die Klüfte, so dass die Säulenabschnitte wie aufeinander gestapelte Käselaibe aussehen. Daher der Name Käsegrotte.

Bad Bertrich ist aber auch berühmt wegen der einzigen *Glau-bersalz-Thermalquelle* (Natrium-Hydrogenkarbonat-Sulfat-Wasser) Deutschlands. Die Bergquelle tritt mit 32°Celsius aus über 2.000 m Tiefe an die Oberfläche und speist auch das Ther-malbad in Bad Bertrich.

## Infos

■ *Touristik-Agentur Bad Bertrich GmbH,*
Kurfürstenstraße 32,
56864 Bad Bertrich,
☏ 02674/932222,
@ info@Bad-Bertrich.de,
www.bad-bertrich.de

Käsegrotte.

Fossiler Käfer.

Stichwort
# Klimaarchiv

Die Ablagerungen in den ehemaligen Maarseen der Vulkaneifel sind oft reich an Fossilien. Sie spiegeln das Klima und die ökologischen Zusammenhänge längst vergangener Zeiten wider. So herrschten vor 55 bis 34 Millionen Jahren, während des Eozän (Tertiär), auf der Erde klimatische Verhältnisse, die dem von vielen für die Zukunft vorausgesagten Treibhausklima ähneln. Das Eckfelder Maar bei Manderscheid hat sich als ideales Forschungsobjekt für derartige Fragestellungen erwiesen; es ist ein einzigartiges erdgeschichtliches Archiv für einen bis zu 250.000 Jahre umfassenden Zeitabschnitt des Eozän. Damals begann die explosive Entwicklung der Blütenpflanzen und Säugetiere. Im Maarsee wurden unter Anderem sehr fein geschichtete Ölschiefer abgelagert. In ihnen sind zahlreiche Organismen exzellent erhalten: So bestimmte Käferarten mit ihren ursprünglichen Farben und Säugetiere mit Haut und Haaren, manchmal sogar mit den Resten ihrer letzten Mahlzeit. Berühmtheit erlangten das Urpferdchen und die Honigbiene, die noch ihre letzte Pollenfracht auf Körper und Hinterbeinen trägt sowie die älteste Laus der Welt, die nur knapp sieben Millimeter misst.

## Eifel – Gutland

Maarmuseum Manderscheid.

## 80 Maarmuseum Manderscheid

UTM 32343167 5551061

Das Museum im Jugendstil-Gebäude in **Manderscheid** erschließt die einzigartige Welt der Eifel-Maare. An interaktiven Stationen werden Aufbau der Erde, geologischer Zeitbegriff sowie die Gesteinsschichten und Entwicklung der Eifel anschaulich dargestellt. Höhepunkte der Ausstellung sind das von innen begehbare Großmodell eines Maares mit audio-visuellen Darstellungen sowie ein Terranaut, der den Besucher zu einer Reise durch die Erde und zu einem Maarausbruch mitnimmt. Weiter können in der Ausstellung weltberühmte Fossilien aus den Ablagerungen des Eckfelder Maars (▶ Tipp 82) bewundert werden: das Eckfelder Urpferd (▶ Seite 100), die älteste Honigbiene der Welt, Käfer mit bunt schillernden Flügeldecken sowie Blüten und Blätter. Die einstige Tier- und Pflanzenwelt der Maare sowie die Bedeutung der Maar-Ablagerungen als wichtige Archive für die heutige Umwelt- und Klimaforschung werden erläutert. Das Maarmuseum ist Station 38 der Deutschen Vulkanstraße (▶ Karte Seite 128).

## 81 Geo-Route Manderscheid

UTM 32343617 5551061    ▶ 40 – 60 km ▶ 2 – 3 Tage

Die Geo-Route Manderscheid präsentiert an 34 Stationen mit Info-Tafeln auf drei Teilrouten Ausschnitte der Erdgeschichte der Region. Die *Devon-Route* (60 km, Start/Ziel: Burgweiher) vermittelt ein Bild von den mächtigen Meeresablagerungen der Devon-Zeit, den einstigen Meeresbewohnern und der variskischen Gebirgsbildung. Ein herausragendes Geotop ist die Falte bei Pantenburg, Station 39 der Deutschen Vulkanstraße (▶ Karte Seite 128). Die *Buntsandstein-Route* (40 km, Start/Ziel: Zisterzienserabtei in Himmerod) zeigt die Rolle der Ablagerungen der Trias-Zeit als Werkstein und wichtiger Grundwasserspeicher. Die Stationen der *Vulkan-Route* (40 km, Start/Ziel: Kurhaus) zählen zu den Höhepunkten der Eifel. Hier erfährt der Wanderer Wissenswertes über den Vulkanismus in der Tertiär- und Quartär-Zeit. Die Route führt zum ältesten (Eckfelder Maar ▶ Tipp 82) und zum größten Eifel-Maar (Meerfelder Maar, ▶ Tipp 68) sowie zur Vulkangruppe des Mosenbergs (▶ Tipp 83).

## Infos

■ *Maarmuseum Manderscheid,* Wittlicher Straße 11, 54531 Manderscheid, ☏ 06572/920310, @ maarmuseum@t-online.de, www.maarmuseum.de, ☉ März – Okt.: Di – Sa 10 – 12 und 14 – 17 Uhr, So 13 – 17 Uhr, Nov. – Feb.: nach Ankündigung, auch Weihnachten und Fastnacht, Gruppen ab 8 Personen, Führungen und Exkursionen ganzjährig nach Voranmeldung (Maarmuseum oder Kurverwaltung ☏ 06572/932665).

UTM 32343895 5553593

Das Eckfelder Maar, ein Trockenmaar nordöstlich **Manderscheid**, liegt am Südrand des tertiären Vulkanfelds der Eifel. Der einst bis 150 Meter tiefe Maarsee wurde über Jahrtausende hinweg mit sehr feinkörnigen Sedimenten mit feiner Hell-Dunkel-Bänderung, die paarweise jeweils einem Jahreszyklus entsprechen (Warven) verfüllt. In ihnen sind – wie auf einer vorzeitlichen Festplatte – Informationen zu Ablagerungsgeschichte, Biologie und Klima während des frühen Tertiär (Eozän) gespeichert. Die Pflanzenfunde belegen einen artenreichen tropischen Wald mit

Eckfelder Urpferd.

ufernaher Vegetation. Weltberühmt sind die Eckfelder Fossilien. Im Maarmuseum Manderscheid (▶ Tipp 80) können Funde von dieser wissenschaftlich hoch bedeutenden Grabungsstelle bewundert werden. Führungen werden über das Maarmuseum organisiert. Als 1980 Trierer Geologen im Pellenbachtal bei Eckfeld eine Forschungsbohrung auf 66,5 m Tiefe niederbrachten, entdeckten sie eine Folge von vulkanischem Lockergestein, das dann in eine 35 m mächtige Serie fein geschichteter Tonsteine (Laminite) überging. Die radiometrische Datierung der vulkanischen Gesteine ergab, dass man es mit einem tertiärzeitlichen Maar zu tun hatte, dessen Entstehung 44 Millionen Jahre zurücklag. Die zweite Sensation war, daß die Ablagerungen besonders reich an organischen Stoffen sind. Die Ölschiefer des Eckfelder Maars enthalten neben einer fossilen Wasserflora und Fauna auch Landwirbeltiere, die in dem vorzeitlichen Maar ertrunken sind. Seit 1987 arbeitet ein Grabungsteam des Naturhistorischen Museums Mainz am Eckfelder Maar, das inzwischen unter Fachleuten zu den bedeutendsten Fossilfundpunkten Mitteleuropas zählt.

## Eifel – Gutland

■ @ www.deutsche-vulkanstrasse.com
www.maarmuseum.de
www.geopark-vulkaneifel.de

Meerfelder Maar.

UTM 32341014 5550268

Die **Mosenberg-Vulkangrup-pe** bei **Bettenfeld** ist ein nationales Geotop. Es besteht aus sechs an einer Verwerfung *(Verschiebung von Gesteinspaketen an einer tektonischen Trennfläche)* aufgereihten Vulkanen. In der Lavagrube am Mosenberg sind mehrere

Der Windsbornkratersee.

flache Schlackenkegel als ältestes vulkanisches Förderzentrum identifiziert worden; der Mosenberg selbst besteht aus drei Kratern. Aus dem südlichen Krater floss ein mächtiger Lavastrom durch den Horngraben bis ins Tal der Kleinen Kyll. Der Schlackenwall des **Windsborn** ist durch eine sattelförmige Vertiefung vom Mosenberg getrennt. Er entstand vor 30.000 Jahren und ist damit etwas jünger als der Mosenberg. In seinem Krater befindet sich ein flacher See mit Verlandungszone. Der Krater wird umgeben von einem hohen Ringwall aus Schweißschlacken und grobkörnigen Tuffen. Es handelt sich um den einzigen Bergkratersee nördlich der Alpen. Das **Hinkelsmaar** ist das jüngste der Gruppe und von einem Schlacken-wall umgeben. Der einst vorhandene Maarsee wurde im 19. Jahrhundert zur Torfgewinnung trockengelegt. Alle drei Geotope liegen auf der Vulkan-Route der Geo-Route Manderscheid und sind zugleich Station 37 der Deutschen Vulkanstraße (▶ Karte Seite 128).

Der Schlackenwall

## Infos

**»** **Schlacke** ist ein vulkanisches Auswurfprodukt von blasiger bis schaumiger Beschaffenheit. Sie entsteht aus den bei einer Eruption ausgeworfenen, glühenden, im Flug abkühlenden Lavafetzen. Bei hohen Temperaturen können sich diese zu so genannter Schweißschlacke verfestigen.

Stichwort
# Schiefer

Schiefer ist ein Sammelbegriff für spaltbare Gesteine. Der Name leitet sich von scivaro oder schiver(e) (alt- bzw. mittelhochdeutsch für: Stein-, Holzsplitter) ab. Die Schiefer der Eifel und des gesamten Rheinischen Schiefergebirges sind Tonschiefer, die aus devonischen Tonschlämmen entstanden. Die fein geschichteten Tonsteine wurden während der Auffaltung des Rheinischen Schiefergebirges im Erdzeitalter des Karbon „geschiefert". Durch den gerichteten Druck in der Erdkruste während der Gebirgsbildung bildeten sich die Tonminerale der Tonsteine zu feinsten parallel ausgerichteten Glimmerkristallplättchen um. Sie sind ausschlaggebend für die gute Spaltbarkeit des Gesteins. Als Dachschiefer bezeichnet man Tonschiefer, bei denen die Schichtung des einstigen Tonsteins und die Schieferung parallel zueinander ausgerichtet sind. So ist das Spalten von großen und dünnen Platten möglich. Schon die Römer nutzten die Dachschiefer des Rheinischen Schiefergebirges für ihre Bauten. In der Vergangenheit wurden sie in zahlreichen Bergwerken in der Eifel, aber auch in Hunsrück, Taunus und Westerwald gewonnen. Die beiden modernsten Schieferbergwerke Mitteleuropas befinden sich heute in der Nähe von Mayen.

## Eifel – Gutland

Unter Tage.

UTM 32373351 5576479

Zwei unterm gleichen Schieferdach: Das *Deutsche Schieferbergwerk* in **Mayen** ist bundesweit einzigartig. Es stellt die Geschichte des Schieferbergbaus in der Eifel von seinen Anfängen vor gut 2.000 Jahren bis in die Gegenwart anschaulich dar. Wo vor etwa 400 Millionen Jahren das Devon-Meer wogte, können heute Besucher 16 m unter der Genovevaburg ein 340 m langes Stollen-Labyrinth erkunden, in dem Anfassen ausdrücklich erlaubt ist. Mit einem Förderkorb gelangen die Besucher in die Welt der Loren, Seilsägen, Schreitbagger und Presslufthämmer. Eine simulierte Lorenfahrt durch den Stollen ist nicht nur für Kinder die Attraktion schlechthin: Auch Weltstar Mario Adorf sauste schon durch das virtuelle Bergwerk. Das *Eifelmuseum* in der Genovevaburg ist zentrales Informationszentrum zur Geschichte und Kultur der Eifel, in dem auch die geologische Entwicklung der Region breiten Raum einnimmt. Es ist Station 15 der Grünen Route des Vulkanparks Mayen-Koblenz.

**Starbesuch im Schieferbergwerk.**

**Abenteuer für Groß und Klein.**

## Infos

**Die Genovevaburg.**

■ *Deutsches Schieferbergwerk im Eifelmuseum,* Genovevaburg, 56727 Mayen, ☏ 02651/498508, @ museumskasse@mayenzeit. de, www.mayenzeit.de, ◷ Di – So 10 – 17 Uhr, Gruppen jederzeit nach Vereinbarung, Sa und So 14 Uhr Führung im Schieferbergwerk für Einzelpersonen.

UTM 32375046 5575728

**Auf der Römerwarte.**

Auf dem Katzenberg in **Mayen** stand die größte spätrömische Höhenbefestigung (Fluchtburg) der Eifel. Mehrere Teile der Befestigungsmauer mit begehbarem Wehrgang und zwei Rundtürmen wurden wieder errichtet. Hier konnte auch die Verwendung von Mayener Dachschiefer in der Spätantike nachgewiesen werden. Das Geotop ist Station 7 der Grünen Route des Vulkanparks Mayen-Koblenz. Das nahe gelegene Schieferbergwerk Katzenberg gehört zu den modernsten Schiefer-Förderstätten Mitteleuropas. Das Bergwerk, in dem vier Dachschieferlager abgebaut werden, erreicht eine Tiefe von fast 400 m.

## 87 Schiefergruben-Wanderweg

UTM 32362433 5565447

▶ 7 km ▶ 2h

Der Schieferbergbau, der in den Jahren 1695 bis 1959 im Kaulenbachtal florierte, förderte eine der besten Dachschieferqualitäten des linksrheinischen Schiefergebirges. Im *Gemeindehaus* **Müllenbach** widmet sich eine Ausstellung diesem Thema. Der *Schiefergruben-Wanderweg* startet am Parkplatz „Auf der Nick" am nordöstlichen Ortsrand von Müllenbach. Über eine alte Grubenbahntrasse gelangt

**Fundstücke im Museum.**

## Eifel – Gutland

■ *Rathscheck Schiefer und Dach-Systeme KG,* St. Barbarastraße 3, 56727 Mayen, ℡ 02651/9550 @ info@rathscheck.de, www.rathscheck.com
■ *Tourist Information,* Verbandsgemeinde Kaisersesch, Bahnhofstraße 47, 56759 Kaisersesch, ℡ 02653/999615, @ ti@kaisersesch.de, ti.kaisersesch.de

Eine Schieferhalde.

man zum „Julius-Stollen" der Grube „Colonia". Weiter geht es an den großen Schieferhalden der Grube „Mariaschacht" vorbei zum „Matthias-Josef Stollen" und dem Bremsberg. Hierauf wurden die schieferbeladenen Loren gezogen. Hinter der Grube „Höllenpforte" liegt der einzige ehemalige Tagebau im Kaulenbachtal. Auf dem weiteren Weg erreicht der Wanderer die Grube „Mariaschacht" mit einem schönen Aussichtspunkt und schließlich den „Luisenstollen". Über die Grubenbahntrasse führt der Weg zurück nach Müllenbach. Im *Prähistorischen Museum* gibt es ein komplettes, 50.000 Jahre altes Mammut-Skelett, einen Mammut-Stoßzahn sowie fossile Reste von Wollnashorn, Wiesent und Höhlenbär zu bestaunen. Auch altsteinzeitliche, 350.000 bis 500.000 Jahre alte Werkzeuge von Homo erectus, Neandertaler, Cro Magnon sowie Homo sapiens werden präsentiert.

### 88  Rund um den Hochkelberg

UTM 32351938 5570773 ▶ 13 km ▶ 3h 40min

Auf Zeitreise in die geologische Vergangenheit begibt sich der Wanderer auf der 13 km langen Strecke von **Kelberg** nach **Uersfeld**. 15 Stationen mit Info-Tafeln geben Einblick in die Geschichte der Region. So gehört der Hochkelberg mit 674 m zu den höchsten tertiärzeitlichen Eifelvulkanen. Geologisch interessant sind die durch Tiefenerosion entstandenen Hohlwege (Station 5) und die stillgelegten Steinbrüche. Hieraus wurden die Sandsteine des Devon als Werksteine genutzt (Station 11). Aufschlussreich ist auch Station 14, die die ehemalige Lehmgewinnung in der Lehmkaul zum Bau von Fachwerkhäusern zum Thema hat. An einer Nebenroute der *Geschichtsstraße* liegt bei **Uersfeld** die ehemalige Grube „Bergkrone", in der über 100 Jahre (bis 1967) reiche Vorkommen von

## Infos

■ *Verein zur Erhaltung der Schieferbergbaugeschichte e.V.,*
Heideweg 8, 56761 Müllenbach, ☎ 02653/6099, @ VNSchiefer@aol.com,
www.schieferverein.de

■ *Galerie und prähistorisches Museum,*
Holzweg 1–3, 56761 Müllenbach, ☎ 02653/914999,
@ katrinundfrans@vr-web.de, www.muellenbach.kaisersesch.de,
☉ Di – So 14 – 17 Uhr und nach Voranmeldung.

Baryt (Schwerspat, Bariumsulfat) gewonnen wurden. Baryt findet Verwendung als Pigment in der Farbindustrie sowie als Füllstoff in der Papier-, Textil- und Kunststoffindustrie. Die Ursprünge der Grube liegen im Jahr 1855, aber schon früher hatte man in der Gegend Tagebau betrieben. Der Baryt wurde per Eisenbahn nach Brohl und weiter per Schiff in die Niederlande bis nach Amerika exportiert. An der alten Halde informiert eine Schautafel über das Bergwerk.

## 89 Steinbrüche am Raustert

Raustert.

UTM 32355443 5577184

Im Zentrum des tertiären Vulkanfeldes der Eifel sind außer Basalten auch andere vulkanische Gesteine zu finden. In vier stillgelegten kleinen Steinbrüchen am Raustert nördlich des Kirsbachs ist Andesit erschlossen. Dieses basaltähnliche, aber kieselsäurereichere Gestein, enthält hier große schwarze Hornblende-Kristalle sowie zahlreiche Gesteinseinschlüsse des oberen Erdmantels. Der frühgeschichtliche Wall der Kasselsburg auf der anderen Straßenseite der K89 wurde bereits aus diesem Andesit errichtet. Das Geotop ist Station 16 der Deutschen Vulkanstraße (▶ Karte Seite 128).

## Eifel – Gutland

■ *Tourist-Information Kelberg, Dauner Straße 22, 53539 Kelberg,* ☏ *02692/87218, @ touristinfo@vgv-kelberg.de, www.vgv-kelberg.de*

# Stichwort
# Faltengebirge

Vulkanismus der Gesundheit zu Liebe: Das malerische Ahrtal ist geologisch durch Tonschiefer und Sandsteine aus dem Devon charakterisiert. Sie sind aus Meeresablagerungen hervorgegangen und wurden während des Karbon zum Rheinischen Schiefergebirge aufgefaltet. Durch die tief in das Faltengebirge eingeschnittene Ahr sind die versteinerten Zeugen des Meeres und der Gebirgsbildung an vielen Stellen sichtbar, man kann buchstäblich die Hand auf die Gesteinsfalten legen. Neben den devonischen Ablagerungsgesteinen wurde das Ahrtal aber auch durch erdgeschichtlich jungen Vulkanismus geprägt. So sind die Basaltkuppen des Neuenahrer Berges, der Landskrone und des Scheidskopf steckengebliebene Vulkane aus dem Tertiär. Dieser Vulkanismus hat dem Ahrtal weitere Schätze beschert: Mineral- und Thermalwässer sowie den Eifelfango. Die Mineralquellen des unteren Ahrtals waren schon den Römern bestens bekannt: Sie waren die ersten, die wärmenden Fangoschlamm als Heilmittel nutzten. Seit Beginn des 20. Jahrhunderts werden am Stadtrand von Bad Neuenahr Ablagerungen vulkanischer Asche für die Fangoherstellung gewonnen – so dient der Vulkanismus der Gesundheit und dem Wohlbefinden.

## Infos

Naturschauspiel: Ahr-Delta bei Kripp.

### 90 Cloos'sche Falte

UTM 32357295 5597359

**Die Cloos'sche Falte.**

Steile Felshänge, enge Flussschlingen und die sanft geschwungene Hochfläche des Rheinischen Schiefergebirges: So präsentiert sich die Landschaft bei Altenahr. Im Devon vor 400 Millionen Jahren war dieses Gebiet vom Meer überflutet. An der Engelsley sind versteinerte Rippelmarken als Zeugen bewegten Wassers zu sehen. Auch der Faltenwurf des Schiefergebirges ist allgegenwärtig zu beobachten. Eine schöne, kleine *Gesteinsfalte* zum Anfassen befindet sich am Nordfuß des Umlaufbergs bei **Altenburg** westlich von **Altenahr**. Sie wurde durch die Zeichnung von Professor Hans Cloos (1885–1951) berühmt und ist in vielen Geologie-Lehrbüchern abgebildet. Der *Umlaufberg* selbst ist ein Zeuge der Flussentwicklung. Vor etwa 800.000 Jahren hob sich das Gebirge rasch an, wodurch die Flüsse gezwungen wurden, sich mit ihren Schlingen tief einzuschneiden. Wenn der schmale Hals einer Flussschlinge durch seitliche Abtragung durchbricht, werden die Schlinge und der Umlaufberg verlassen und der Flusslauf ist begradigt.

### 91 Eisenweg Ramersbach

UTM 32366280 5598001

 ▶ 10 km ▶ 3h

Den Römern auf der Spur: In **Bad Neuenahr-Ahrweiler** führt der Eisenweg als Rundkurs vorbei an römischen Bergbauspuren zu Ausgrabungen einer römischen Eisenschmelze und Siedlung. Die Eisenerze des Ahrweiler Stadtwalds wurden übertage in Pingen abgebaut – so am Breitekopf, und anschließend in Schachtöfen mit Holzkohle verhüttet. Im Gasthof Halfenhof in Ramersbach gibt es neben der Möglichkeit zur Einkehr weitere Informationen zur römerzeitlichen Eisenerzgewinnung und -verarbeitung. Auf dem

## Eifel – Gutland

■ *Historische Straße: Eisenweg,* Kreisverwaltung Ahrweiler, Wilhelmstraße 24–30, 53474 Bad Neuenahr-Ahrweiler, ☏ 02641/9750, @ info@aw-online.de, www.rheinhit.de
■ *Kurverwaltung Bad Neuenahr,* Kurgartenstraße 1, 53474 Bad Neuenahr-Ahrweiler, ☏ 02641/8010, @ info@kurverwaltung-bad-neuenahr.de, www.kurverwaltung-bad-neuenahr.de

Rückweg passiert man im Tiefbachtal die Reste eines römischen Gutshofs (villa rustica) des 1. bis 4. Jahrhunderts. Start- und Zielpunkt der zehn Kilometer langen Wanderung liegt am Parkplatz der Straße Ramersbach nach Ahrweiler.

## 92 Sprudel im Kurgarten

UTM 32368114 5600466

Heiße Quellen: Im historischen Kurgarten in **Bad Neuenahr-Ahrweiler** gibt es gleich zwei geologische Schätze – den *Willibrordus*- und den *Großen Sprudel*. Der Willibrordus-Sprudel ist eine Therme mit 34 Grad warmem Wasser, die aus einer Tiefe von 377 m empor sprudelt. Der Große Sprudel wurde 1861 durch Georg Kreuzberg, Bad Neuenahrs erstem Kurdirektor, in 88 m Tiefe erbohrt. Mit 36 Grad warmem Wasser und einer Sprunghöhe von 15 m ist er das Herzstück des Kurparks. Beide Wässer sind als Natrium-Magnesium-Hydrogenkarbonat-Thermal-Säuerlinge charakterisiert. Sie sind Zeugen der vulkanischen Aktivität der Region.

Der Große Sprudel.

## 93 Landskrone

UTM 32370515 5601558

Mit den Füßen im Vulkan: Die Ruine der Burg Landskrone bei **Bad Neuenahr-Ahrweiler** steht auf einem Basaltvulkan. Dieser hat das devonzeitliche Grundgebirge während der Tertiär-Zeit durchschlagen. Der Vulkankegel zeigt einen abrupten Wechsel von Säulenförmig und unregelmäßig erstarrter Lava. Das lässt Experten auf wechselnde Abkühlungsbedingungen während der Erstarrung schließen. Die Ruine ist der Überrest einer mächtigen Burg, die König Philipp von Hohenstaufen 1206 erbauen ließ. Heute hat man von der Landskrone, die 1682 aufgegeben wurde, einen weiten Blick über Rheintal, Siebengebirge, Westerwald und Eifel.

## Infos

Die Landskrone.

## 94 Erpeler Ley

UTM 32375952 5604942

Vulkane für die tolle Aussicht: Der tertiäre Vulkangürtel zwischen Eifel und Westerwald wird vom Unteren Mittelrhein durchschnitten. Hier liegen einige Vulkane direkt am Fluss: der Drachenfels bei Königswinter (Nordrhein-Westfalen), der Rolandsbogen bei Rolandswerth, der Unkelstein südlich Oberwinter und die Ley bei **Erpel**. Die bei der Erstarrung der Lava entstandenen Säulen – in wirbelartiger, unregelmäßig fächerförmiger Anordnung – deuten auf eine gestörte Abkühlung der Lava durch mehrfaches Nachdringen von Schmelze in einen abkühlenden Magmakörper hin. Das Erpeler Ley-Plateau bietet nach Süden eine prächtige Aussicht auf die „Goldene Meile" zwischen Remagen, Sinzig und Bad Breisig-Niederbreisig sowie flussauf- und -abwärts in das Engtal des Rheins. Im Südwesten prägen die Vulkane des Laacher See-Gebiets bis zum Brohltal das Blickfeld, im Norden zeigen sich Rolandsbogen und das Siebengebirge.

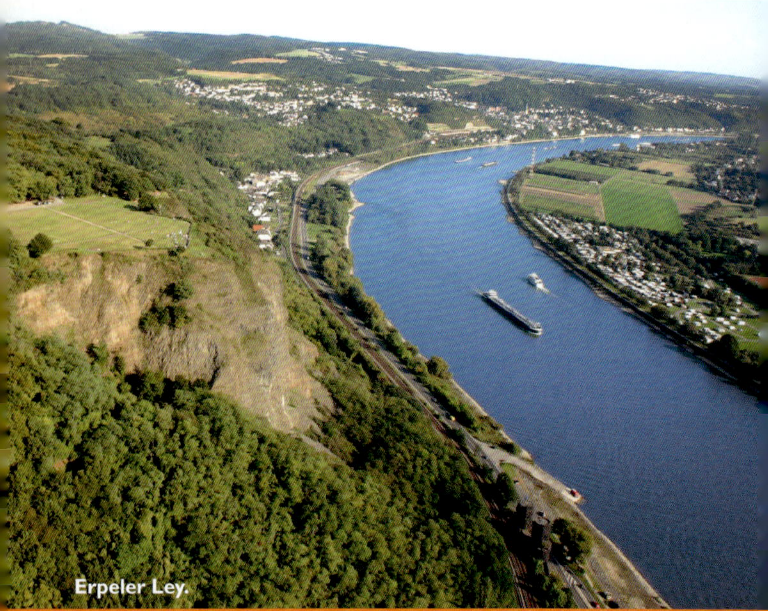

Erpeler Ley.

# Eifel – Gutland

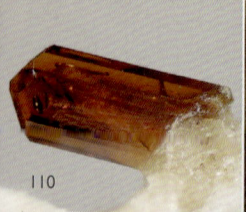

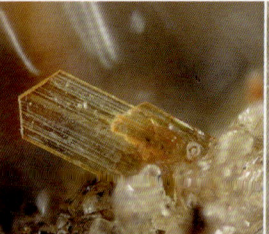

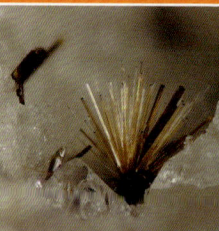

Bimsabbau am Laacher See.

# Laacher See

Eines der beliebtesten Ausflugsziele in der Osteifel ist der Laacher See mit der Benediktiner-Abteikirche Maria Laach (errichtet zwischen 1093 und 1216). Er verdankt seine Entstehung der Eruption des Laacher See-Vulkans vor etwa 12.900 Jahren. Der hochexplosive Ausbruch hat wohl nur wenige Tage gedauert. In dieser Zeit entleerte sich eine gewaltige Magmakammer, aus der fast 16 km³ Bims gefördert wurden. Die in einer hohen Eruptionssäule emporgeschossenen leichten Aschen wurden bis nach Südschweden und Oberitalien verfrachtet. Solche Vulkanausbrüche, bei denen in riesigen Eruptionssäulen schlagartig große Bims- und Aschenmengen ausgestoßen werden, nennt man nach Plinius dem Jüngeren, der den vergleichbaren Vesuv-Ausbruch von 79 n. Chr. beschrieb, plinianische Eruptionen. Als kein vulkanisches Material mehr nachgefördert wurde, stürzte die Eruptionssäule in sich zusammen. Aus dem Schlot quollen aschebeladene Glutwolken, welche sich in die umliegenden Täler ergossen und einige bis zu 60 m hoch verfüllten. Diese pyroklastischen Ströme vereinigten sich im Brohltal und stauten für einige Tage den Rhein. Der Damm hielt aber nicht lange und die vulkanischen Lockermassen wurden bis in die Niederlande geschwemmt. Am Ostufer des Laacher Sees perlt noch heute Kohlendioxid an die Wasseroberfläche: Letzter Atem der Vulkane oder Vorbote künftiger vulkanischer Ausbrüche?

## Infos

» Die **Pyroxene** sind eine Gruppe verwandter Silikat-Minerale. Sie sind gesteinsbildend und finden sich häufig in quarzarmen magmatischen Gesteinen wie Basalt und Gabbro. Ein großer Teil des Erdmantels besteht aus Pyroxenen. Wichtige Pyroxen-Minerale sind Enstatit, Diopsid, Augit und Aegirin. In den vulkanischen Gesteinen der Eifel sind Pyroxene weit verbreitet ( ▶ Fotos links).

## 95 Naturkunde Museum Maria Laach

UTM 32375681 5584609

Anfassen erlaubt.

Kleine Tiere, große Tiere und eine umfangreiche Sammlung vulkanischer Gesteine und Minerale des Laacher See-Gebiets zeigt das Naturkundemuseum **Maria Laach**. Es liegt südwestlich vom bekannten Kloster idyllisch in einem Waldstück und ist auch zu Fuß vom Klosterparkplatz erreichbar. Ergänzt wird die Schau durch eine Foto-Ausstellung von Mikromineralen des Laacher See-Vulkans. Unweit des Klosters liegt im Süden des Laacher Sees der Parkplatz „Erntekreuz" an der L113. Hier ist der Startpunkt der Deutschen Vulkanstraße.

## 96 Infozentrum Rauschermühle

UTM 32386415 5583010

▶ 1 km ▶ 30min

Die Welt der Vulkane auf einem Fleck: Das *Infozentrum Rauschermühle* in **Plaidt-Saffig** ist zentrale Anlaufstelle für die Besucher des Vulkanparks Mayen-Koblenz, der zum Nationalen Geopark Vulkanland Eifel gehört. In einem multimedialen Überblick erfährt der Besucher Wissenswertes zur Geschichte des Vulkanismus in der Ost-Eifel. Ein Highlight ist der Film „Stein-Zeiten". Er veranschaulicht die über 7.000-jährige Nutzung vulkanischer Gesteine durch den Menschen – angefangen von der gewaltigen explosiven Eruption des Laacher See-Vulkans über die Entdeckung, den Abbau bis hin zur Verarbei-

Lava-Abbau bei Plaidt.

## Eifel – Gutland

■ *Naturkunde Museum Maria Laach GmbH,*
*56653 Maria Laach,* ✆ *02652/4785,*
@ *sabine.fraenzel@faunaflora.de,*
*www.naturkundemuseum-maria-laach.de,*
⊙ *März – Okt.: tägl. 9.30 – 18.00 Uhr, Nov. – 15. Jan.:*
*täglich 9.30 – 17.00 Uhr.*

Das Kloster.

tung und Verwendung von Basalt, Tuff, Bims und Schiefer. Auf dem fast einen Kilometer langen angeschlossenen *Lehrpfad* durch den Rauscherpark können sich Besucher über die Talentstehung der Nette, den Ausbruch des Michelberg-Vulkans südlich Plaidt vor 200.000 Jahren und die Nutzung der Basaltlava-Vorkommen durch die Römer näher informieren. Das Infozentrum ist Station 5 der Deutschen Vulkanstraße (▶ Karte Seite 128).

## 97 Vulkanpark-Routen

UTM 32386421 5583015

▶ 4 – 43 km

Basaltlava-Abbau.

Im Vulkanpark in **Mayen-Koblenz** sind die geologisch und kulturhistorisch interessanten Objekte durch vier ausgeschilderte Autorouten erschlossen: Die *Grüne Route* (43 km) umfasst die Objekte des Vulkanparks in der Umgebung von Mayen: Mayener Grubenfeld, Katzenberg, Ettringer Lay, Ettringer Bellberg mit Kottenheimer Büden, Die Ahl, Kottenheimer Winfeld, das Eifelmuseum Mayen und das Booser Doppelmaar.

An der *Roten Route* (4 km) liegen die Sehenswürdigkeiten in und um Mendig: Lavakeller, Lava-Dome, Museumslay und Wingertsbergwand. Die *Gelbe Route* (27 km) beinhaltet die Vulkane zwischen Kruft und Andernach (Eppelsberg, Nastberg, Hohe Buche, Mauerley) sowie das Stadtmuseum Andernach und das Römische Grabmal in Nickenich.

Die *Blaue Route* (15 km) schließlich führt zu den Objekten des Vulkanparks zwischen Kruft und Ochtendung: Römerbergwerk Meurin, Krufter Bachtal, Rauscherpark, Karmelenberg und das Römische Grabmal in Ochtendung.

## Infos

■ *Vulkanpark GmbH,* Infozentrum Rauschermühle, Rauschermühle 6 56637 Plaidt, ☏ 02632/98750 oder 0180/1885526, @ info@vulkanpark.com, www.vulkanpark.com, ☉ März – Nov.: Di – Fr 9 – 17 Uhr, Sa & So 11 – 18 Uhr, Nov. – März: Di – So 11 – 16 Uhr, Gruppen und Schulklassen jederzeit nach Voranmeldung.

UTM 32377343 5583575

Ein Fenster in die Erdgeschichte: Die Wingertsbergwand in **Mendig** gilt als einer der international bedeutendsten vulkanischen Aufschlüsse und ist als nationales Geotop ausgewiesen. Hier sind durch den Rohstoffabbau Ablagerungen des Laacher See-Vulkans über eine Höhe von mehr als 30 m hervorragend sichtbar geworden. Für die Region bedeutete der Ausbruch vor 12.900 Jahren eine Katastrophe. Er hinterließ eine karge, tote und mit vulkanischer Asche bedeckte Mondlandschaft. Zahlreiche Info-Tafeln erläutern heute die Eruptionsgeschichte des Laacher See-Vulkans und die Schichtenabfolge der vulkanischen Auswurfprodukte. Das Geotop ist Station 7 der Deutschen Vulkanstraße (▶ Karte Seite 128 ).

Die Wingertsbergwand.

UTM 32377888 5581860

Im Lava-Dome.

Seit 2005 präsentiert das Museum *Lava-Dome* in **Mendig** das faszinierende Thema Vulkanismus. Mit aufwändiger multimedialer Inszenierung wird die Geschichte zweier großer Vulkanausbrüche lebendig: Der Wingertsberg-Vulkan nahe Mendig und die hochexplosive Eruption des Laacher See-Vulkans haben die Region nachhaltig geprägt.

Geologischer Kühlschrank: Einzigartig ist eine Führung durch die *Lavakeller* im Untergrund der Stadt **Mendig**. Hier befindet sich im Lavastrom des Wingertsberg-Vulkans der weltweit größte un-

## Eifel – Gutland

■ *Wingertsbergwand:* @ www.vulkanpark.com, www.deutsche-vulkanstrasse.com
■ *Lava-Dome, Brauerstraße 1, 56743 Mendig,* ☎ 02652/9399222,
@ info@lava-dome.de, www.lava-dome.de, ☉ täglich außer Mo 10 – 17 Uhr, Mo während der Ferien in RLP und NRW,
*Lavakeller:* Di – Fr 14 Uhr; Sa und So 12 und 14 Uhr, täglich 12 und 14 Uhr während der Ferien in RLP und NRW, Führungen nur bei mindestens 15 Personen, Gruppen jederzeit nach Voranmeldung.

terirdische Basaltlava-Abbau. Er wurde zur Mühlsteingewinnung über einen Zeitraum von mehr als 500 Jahren angelegt. In 32 m Tiefe erstreckt sich auf rund drei Quadratkilometern ein Labyrinth von Hohlräumen. Ab der Mitte des 19. Jahrhunderts nutzten bis zu 28 Brauereien die konstante Temperatur von sechs bis neun Grad Celsius in den Abbauhohlräumen zur Lagerung ihrer Produkte.

Auf dem Gelände der Freilichtausstellung *Museumslay* in der Brauerstraße unweit des Lava-Domes wird ein Überblick über die große Mendiger Steinmetztradition präsentiert: Ein außergewöhnlich schöner Mühlstein steht für Mendigs Rolle als einstiges Zentrum der Mühlsteinproduktion. Weiter können Skulpturen aus Basalt und ein tuffsteinerner Römerbrunnen bewundert werden.

## 100  Ettringer Lay und Mayener Grubenfeld

UTM 32373611 5578734

Die *Ettringer Lay* bei **Mayen** ist ein Denkmal der neuzeitlichen Natursteinindustrie. Grubenkräne, Gleise und Gebäudereste zeugen vom intensiven Abbau im 19. und 20. Jahrhundert. Ein Rundweg mit Info-Tafeln führt an die imposante 40 m hohe Basaltlava-Wand der *Ettringer Lay*, die auch von Kletterern gerne genutzt wird. Das Geotop ist Station 10 der Grünen Route des Vulkanparks Mayen-Koblenz. Der *Ettringer Bellberg* und der *Kottenheimer Büden* bilden die Reste eines großen, von Basaltströmen durchbrochenen Schlacken-Ringwalls. Nach Norden ist der kurze, bis 60 m dicke Lavastrom des Winfeldes geflossen. Nach Süden hat sich der 15 bis 20 m mächtige Mayener Lavastrom ins Nettetal ergossen. Die Lavaströme zeigen von unten nach

**Die Ettringer Lay.**

## Infos

**»**  **Ettringit** (▶ Foto rechts), ein in der Natur seltenes Sulfatmineral, wurde erstmals am Ettringer Bellberg in der Eifel gefunden und nach diesem Fundort benannt. Das Mineral entsteht auch unter bestimmten Voraussetzungen bei der Hydratisierung von Zement und kann durch die damit verbundene Volumenvergrößerung große Schäden an Beton verursachen. Man nennt diesen Vorgang Sulfattreiben.

oben einen charakteristischen Aufbau: Über dem für die Natursteinindustrie wertlosen geklüfteten Dielstein folgt ein Abschnitt
aus fast drei Meter dicken und zehn bis 15 m hohen Pfeilern – die
begehrte Mayener Mühlsteinlava. Den Abschluss bildet oben ein
dünnsäuliger Deckstein. Zeugnis des hohen Gasgehaltes der Lava
ist ihre poröse Beschaffenheit. Dadurch wurde sie schon seit dem
Altertum zu einem geschätzten Werkstein. Das Geotop ist Station
11 der Grünen Route des Vulkanparks Mayen-Koblenz. Im ***Kottenheimer Winfeld*** ist der mächtigste Lavastrom des Bellberg-
Vulkans ausgeflossen. Durch den Abbau schon seit vorchristlicher
Zeit entstand eine eindrucksvolle Grubenlandschaft. Von der einstigen Betriebsamkeit zeugen heute zahlreiche Kräne, Sockel- und
Mauerreste. Der Geotop ist Station 14 der Grünen Route des
Vulkanparks Mayen-Koblenz. ***Das Mayener Grubenfeld*** gehört
zu den ältesten und wichtigsten Abbaustätten für Basaltlava. Ein
Rundweg führt durch die Grubenlandschaft. Römische Abbau-
spuren finden sich hier neben einem Elektrokran des 20. Jahrhunderts. Das Geotop ist zugleich Station 4 der Grünen Route des
Vulkanparks Mayen-Koblenz sowie Station 8 der Deutschen Vulkanstraße (▶ Karte Seite 128).

### 101 Die Ahl

UTM 32371972 5578461

An der Ahl südlich **Sankt Johann bei Mayen** ergoss sich vor
400.000 Jahren der Hochsimmer-Vulkan. Heute kann man im stillgelegten Steinbruch den einstigen Lavastrom erkunden. Der fast 40 m
mächtige Strom ist in grobe Säulen gegliedert, die sich nach unten
verjüngen; die obersten Par-
tien sind dünnsäulig ausgebildet. Parallel zur Strom-
oberfläche verlaufen Klüfte,
die auf Fließbewegungen
während der Erstarrung des
Lavastroms zurückgehen. Das
Geotop ist Station 12 der
Grünen Route des Vulkan-
parks Mayen-Koblenz.

Die Ahl.

## Eifel – Gutland

■ ***Vulkanpark GmbH,*** *Infozentrum Rauschermühle, Rauschermühle 6,
56637 Plaidt,* ☏ *02632/98750 oder 0180/1885526,*
@ *info@vulkanpark.com, www.vulkanpark.com,*
☉ *März – Nov. Di – Fr 9 – 17 Uhr, Sa und So 11 – 18 Uhr,
Gruppen mit Führung jederzeit nach Voranmeldung.*

## 102 Römerbergwerk Meurin

UTM 32382912 5583981

Wo die Römer Steine schlugen: Auf dem Gelände der Trasswerke Meurin in **Kretz** sind die Reste des größten römischen untertägigen Tuffabbaus nördlich der Alpen erhalten. Die hier einst in vier bis sechs Meter Tiefe abgebaute verfestigte vulkanische Asche entstammt der explosiven Eruption des Laacher See-Vulkans. Unter einer frei tragenden Dachkonstruktion blicken die Besucher in die Abbaukammern, Schächte und Treppen aus der Römerzeit. Hautnah kann der Besucher in die Arbeitswelt vor 2000 Jahren eintauchen. Großleuchtbilder, Computeranimationen sowie ein 3D-Film zur römerzeitlichen

**Römerbergwerk.**

Tuffgewinnung ergänzen die Präsentation. Das Römerbergwerk ist als Nationaler Geotop ausgewiesen und wurde im Jahr 2004 mit dem europäischen Kulturpreis Europa Nostra ausgezeichnet.

## 103 Krufter Bachtal

UTM 32384038 5583755

 ▶ 7 km ▶ 2h

Auf den Spuren des Tuffs gehen Wanderer im Krufter Bachtal. Es stellt eine Verbindung zwischen dem Vulkanpark *Infozentrum Rauschermühle* (▶ Tipp 96) in **Plaidt-Saffig** und dem *Römerbergwerk Meurin* (▶ Tipp 102) in **Kretz** her. Eindrucksvoll sind hier im Tal die 30 m mächtigen Tuffablagerungen des Ausbruches des Laacher See-Vulkans sowie vier Stollenanschnitte einer untertägigen Tuff-Gewinnung aus dem 17. bis 19. Jahrhundert erhalten. Auf Info-Tafeln wird die Entstehung und Nutzung von Tuff erläutert. Das Krufter Bachtal ist Station 6 der Blauen Route des Vulkanparks Mayen-Koblenz.

**Das Krufter Bachtal.**

Infos

Römerbergwerk

## 104 Eppelsberg

UTM 32380581 5584595  ▶ 2,5 km ▶ 40min

**Der Eppelsberg.**

Einen Blick ins Innere eines erloschenen Vulkans können Besucher am Eppelsberg südlich von **Nickenich** wagen. Der typische Vulkan der Osteifel war noch vor 230.000 Jahren aktiv. Am Westrand des Geländes der großen, noch in Abbau stehenden Schlackengrube am Eppelsberg kann an einer mehr als 60 m hohen Wand der typische Aufbau eines Schlackenvulkans mit all seinen Schichten bewundert werden. Über basaltähnlichen Schlacken und Bomben liegen gelbbraune Tuffschichten. Verkohlte Pflanzenreste in den Tuffen zeigen an, dass die Eruption mehrfach von Ruhephasen unterbrochen war, in denen sich immer wieder Vegetation ausbreiten konnte. Ein Lehrpfad des Vulkanparks Mayen-Koblenz erläutert mit 25 Info-Tafeln die Entstehung des Schlackenkegels. Das Geotop ist als nationales Geotop ausgewiesen und Station 3 der Deutschen Vulkanstraße (▶ Karte Seite 128)

## 105 Nastberg

UTM 32382328 5587397

Erd(ge)schichten: Der westlich von **Andernach-Eich** gelegene Schichtvulkan besteht – Nomen est omen – aus einem Wechsel von Aschen, groben Tuff-Lagen und Schlacken. Der Vulkan ist von einer mehrere Meter mächtigen Decke aus Bims des Laacher See-Vulkans eingehüllt. Einen guten Einblick in den inneren Aufbau des Vulkans gewährt die stillgelegte Schlackengrube am Südhang. Der Nastberg ist Station 5 der gelben Route des Vulkanparks Mayen-Koblenz.

**Der Nastberg.**

## Eifel – Gutland

Eppelsberg.

## 106 Hohe Buche

UTM 3238|832 5591|939   ▶ 8 km ▶ 3h

**Antiker Steinbruch:** Nordwestlich von **Andernach-Namedy** wurde in römischer, mittelalterlicher und napoleonischer Zeit die Basaltlava des Hohe Buche-Vulkans abgebaut. Die Abbauspuren sind auch heute noch eindrucksvoll erhalten. Die Hohe Buche ist Station acht der Gelben Route des Vulkanparks Mayen-Koblenz und lässt sich gut bei einer knapp dreistündigen Rundwanderung durch Wiesen und Buchenwald aus erkunden. Start und Ziel ist der Parkplatz Pöntertalstraße (K58) am Hof Jakobstal.

## 107 Geysir Andernach

UTM 32384444 5590005

In **Andernach-Namedy** hat der größte Kaltwassergeysir der Welt seinen großen Austritt: Zu festen Zeiten bietet der Geysir ein eindrucksvolles Erlebnis mit bis zu 60 m Sprunghöhe. Getrieben von den Nachwehen des Osteifeler Vulkanismus – Kohlendioxid, das sich in der Tiefe mit dem Grundwasser mischt – funktioniert er wie eine geschüttelte und dann schnell geöffnete Sprudelflasche. Wegen seiner Einmaligkeit ist der Kaltwassergeysir als nationales Geotop ausgewiesen und zählt zu den geotouristischen Highlights in Deutschland und zu den Höhepunkten im Vulkanpark.

**Der Geysir Andernach.**

## Infos

■ **Andernach.net,** *Gesellschaft für Stadtmarketing, Wirtschaft, Tourismus mbH, Läufstraße 4, 56626 Andernach,* ✆ *02632/298-420,* @ *info@andernach.net, www.andernach.net, www.vulkanpark.com Besichtigung während des „Geysir-Sommers" zu bestimmten Terminen (www.andernach.net) oder* ✆ *02632/298-420. Eröffnung der „Geysir-Erlebniswelt" mit regelmäßigen Führungen im Jahr 2009.*

## 108 Stadtmuseum Andernach

UTM 32386614 5588744

Das Museum im Haus von der Leyen aus dem 16. Jahrhundert stellt die römische Geschichte **Andernachs** und seines Hafens vor, der zur damaligen Zeit wirtschaftliche Drehscheibe des Stein- und Mühlsteinhandels war. Im Hof werden neben Reib- und Mühlsteinen, frühchristliche Grabsteine des 7. Jahrhunderts sowie Architekturteile aus Tuff, Kalk- und Sandstein gezeigt. Eine Sammlung römischer Werkzeuge aus den Tuffgruben bei Plaidt und Kretz wird archiviert.

## 109 Steinlehrpfad

UTM 32376014 5583426

Kurztour durch die Welt der Steine: Auf knapp 400 m erhalten Autofahrer an der Autobahn A61 in **Mendig** einen knappen Einblick über verschiedene Lava- und Tuffgesteine des Laacher See-Gebietes. Kräne und Winden verdeutlichen wie die Gesteinsblöcke in den Steinbrüchen abgebaut und befördert wurden. Auf Schautafeln finden Interessierte weitere Informationen zu den Exponaten. Der durch einen Fußgängertunnel verbundene, in zwei Abschnitte gegliederte Steinlehrpfad, befindet sich am Rastplatz Thelenberg (Fahrtrichtung Nord) und am Rastplatz in Dürpel (Fahrtrichtung Süd) der Autobahn A61 nordwestlich Mendig.

Steinlehrpfad.

## Eifel – Gutland

■ **Stadtmuseum Andernach,** Hochstraße 99, 56626 Andernach, ☏ 02632/922218, @ museum@andernach.de, www.andernach.net, ⏲ Di – Fr 10 – 12 und 13 – 17 Uhr, Sa und So 14 – 17 Uhr, Führungen für Gruppen und Schulklassen jederzeit nach Voranmeldung.

## 110 Karmelenberg

UTM 32387761 5578079

Einen Blick ins Auge des Vulkans
gewährt der Karmelenberg in **Bas-
senheim**. Der Karmelenberg ist der
südöstlichste Schlacken-Vulkan der
Ost-Eifel und sein Inneres lässt sich
in einem weithin sichtbaren Aufschluss betrachten: Im stillgelegten
Steinbruch an der Südwestflanke des
Berges sind abwechselnd grobe Tuffe,
Schlacken und Schweißschlacken
zu erkennen. Interessant sind auch
dezimetergroße Gneis-Einschlüsse
(metamorphes Gestein) aus der
unteren Erdkruste. Das Geotop ist
Station 21 der Blauen Route des
Vulkanparks Mayen-Koblenz.

Der Karmelenberg.

## 111 Stadtmuseum

UTM 32393220 5583032

Eine Tongrube als Schatzkiste: Fossilfunde aus der Kärlicher
Tongrube können im Museum in **Mülheim-Kärlich** bewundert
werden. Die Grube ist wegen ihrer über 20 Millionen Jahre alten
Fauna und Flora eine international bekannte Schlüsselstelle für
die Erforschung der Erdzeitalter Tertiär (Oligozän) und Quartär
(Pleistozän). Fische, Krokodile, Schildkröten, Vögel und Nashörner entstammen dem subtropischen Lebensraum der Tertiär-Zeit
(▶ Seite 25). Steppen- (Mammut) und Waldelefanten, Moschus-
ochsen, Riesenhirsche, Elche, Wildrinder und Pferde sowie Hölzer, Früchte und Samen dokumentieren das Eiszeitalter (Pleistozän). Aber auch von den ersten (frühen) Menschen bearbeitete
Gegenstände werden im Museum gezeigt. Der Innenhof ist mit
Basalt-Grabkreuzen des 16. bis 18. Jahrhunderts und Gemar-
kungs-Grenzsteinen gestaltet.

## Infos

■ *Stadtmuseum Mülheim-Kärlich,* Poststraße 6, 56218 Mülheim-Kärlich,
℡ 02630/2642, @ museumsfreunde@web.de,
www.stadtmuseum.muelheim-kaerlich.de, ◐ So 15 – 17 Uhr,
Einzelpersonen und Gruppen jederzeit auch nach Voranmeldung.

## 112 Infozentrum Vulkanpark Brohltal/Laacher See

UTM 32373406 5591065

Der *Vulkanpark Brohltal/Laacher See* ist Teil des Nationalen Geopark Vulkanland Eifel. Er dokumentiert die geologischen Ereignisse des Devon, Tertiär und Quartär (▶ Seite 25) im Raum Brohltal und Laacher See. Dabei stehen die Zusammenhänge zwischen dem Vulkanismus, seinen Förderprodukten und deren Verwendung ebenso wie das Kunsthandwerk und die Technikgeschichte im Vordergrund. Im Infozentrum in **Niederzissen** können sich Besucher multimedial und interaktiv über Geologie und Vulkanismus der Ost-Eifel informieren.

Im Infozentrum.

## 113 Vulkanpark Brohltal/Laacher See

UTM 32377399 5587430    ▶ 9 – 17 km ▶ 3 – 5h

Wandern auf heißem Untergrund: Per Pedes geht es rund um den Vulkanpark Brohltal/Laacher See. Er wird durch fünf Rund-Wanderrouten und einer Auto-/Fahrradroute erschlossen. Der romantische Rundweg um den Laacher See (*Route L*, 14 km 4h, 13 Stationen) beginnt am Parkplatz in **Maria Laach** gegenüber dem Hotel Waldfrieden nördlich des Sees und schließt den Steinlehrpfad an der

Austritt von CO₂ (Mofette).

Klostermauer ein. Im unteren Brohltal (*Route U*, 14 km, 4h 17 Stationen) startet der Wanderer am Haltepunkt Bad Tönisstein des Vulkan-Expreß bzw. Gasthaus Jägerheim an der B412 zwischen **Brohl-Lützing** und **Burgbrohl**. Die Strecke verläuft Richtung Wassenach an den wildromantischen

## Eifel – Gutland

Rodder Maar.

Trasswänden der Wolfsschlucht vorbei. Über den Kunkskopf und die Mauerley erreicht man schließlich Burgbrohl, ehe es zurück geht nach Bad Tönisstein. Der Rundkurs im mittleren Brohltal (*Route M*, 17 km, 5h, 11 Stationen) führt vom Bahnhof des Vulkan-Expreß in **Niederzissen** zum Schlackenwall des Bausenbergs und zur Vulkankuppe mit der Burg Olbrück – dem Wahrzeichen des Brohltals,. Im oberen Brohltal (*Route O*, 17 km, 5h, 13 Stationen) ist der Bahnhof **Engeln** Startpunkt der fast fünfstündigen Rundwanderung. Vorbei an den beeindruckenden Tuffwänden geht es zum Tuffsteinzentrum Weibern und zu weiteren interessanten Geotopen im ältesten, westlichen Teil des Vulkangebiets.

Der Rundweg im Vinxtbachtal (*Route V,* 9 km, 3h, 8 Stationen) verläuft vom Bürgerhaus in **Königsfeld** zum Waldgut Schirmau mit einem gigantisch weiten Blick ins Vinxtbach-, Rheintal und ins Laacher See-Vulkangebiet. Die Route führt über den Weiselstein (Aussichtspunkt) nach Schalkenbach und oberhalb des Vinxtbachtals zurück nach Königsfeld. Wer möchte, kann in diese Wanderung noch zwei Schlenker einbauen: Über den Rundweg D in **Dedenbach** gelangt man so zu einem stillgelegten Basaltlava-Steinbruch am Steinebüschelchen südlich Königsfeld. Und über den Rundweg S in **Schalkenbach** zu einem Holzkohlemeiler, der in Erinnerung an die einstige wirtschaftliche Bedeutung der Holzkohle aufgebaut wurde. Ganz in der Nähe steht noch der Nachbau eines römerzeitlichen Eisenverhüttungsofens. Wahrzeichen für den Eisenerzabbau zwischen Vinxt- und Ahrtal. Die Auto-/Fahrradroute (*Route H*, 80 km, 17 Stationen) erstreckt sich vom unteren Brohltal über Herchenberg, Bausenberg, Königssee, Hannebacher Ley, Weibern, Dachsbusch und Maria Laach bis Bad Tönisstein.

Herchenberg.

## Infos

■ **Vulkanpark Brohltal/Laacher See,** Info-Zentrum, Kapellenstraße 12, 56651 Niederzissen, ☏ 02636/19433, @ tourist@brohltal.de, www.brohltal.de

## 114 Bausenberg

UTM 32373818 5592013

Der Bausenberg nördlich **Niederzissen** mit seinem Hufeisenkrater gilt als einer der besterhaltenen quartären Schlackenwälle der Eifel. An der Südseite des Vulkans liegen stillgelegte Schlackengruben, in denen man basaltische Tuffe, Wurf- und Schweißschlacken sowie vulkanische Bomben

Der Bausenberg.

erkennen kann. Im Norden durchbrach ein Lavastrom den Schlackenwall und floss im Vinxtbachtal bis Gönnersdorf. Die Autobahn A61 durchschneidet den Lavastrom bei der Anschlussstelle Niederzissen. Der Niederzissener Hausberg ist zugleich Station 10 und 11 der Route M des Vulkanparks Brohltal/Laacher See sowie Station 12 der Deutschen Vulkanstraße (▶ Seite 128). Der Bausenberg ist bekannt für seine prächtige Flora und Fauna.

## 115 Burg Olbrück

UTM 32370063 5590388

Als weithin sichtbare Landmarke thront die Burg Olbrück bei **Niederdürenbach-Hain** hoch oben auf einem Vulkanschlot. In ihm blieb zähflüssiges Magma unter der Erdoberfläche stecken und bildete eine so genannte Quellkuppe. Die 460 m hohe Kuppe besteht aus Phonolith oder Klingstein, einem hellen, scharfkantig brechenden vulkanischen Gestein, das beim Anschlagen einen hellen – namensgebenden – Klang erzeugt. Von der urkundlich 1112 erstmals erwähnten Burg reicht die Fernsicht bis Köln. In einem kleinen Museum werden Objekte zur Geschichte der Burg und ihres Umlands

Burg Olbrück.

# Eifel – Gutland

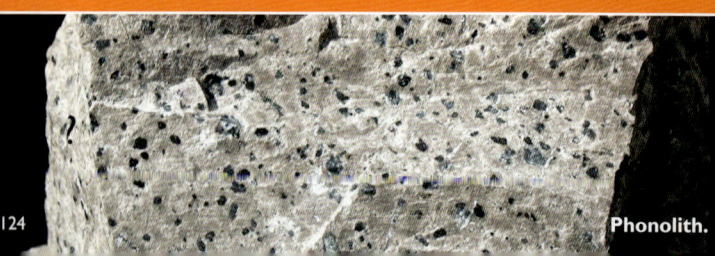

Phonolith.

gezeigt. In einer audiovisuellen Führung begibt sich der Besucher auf eine Zeitreise vom Vulkanismus zum Rittertum. Der Berg ist Station 6 der Route M des Vulkanparks Brohltal/Laacher See.

## 116 Steinberg mit Königssee

UTM 32369647 5592352

Der tertiäre Vulkankegel Steinberg östlich **Oberdürenbach** besteht aus Basalt-Schlacken und groben Tuffen. In sein Zentrum drang Lava ein und erstarrte als keulenförmiger Gesteinskörper. Bis 1942 wurde hier Basalt abgebaut. Danach lief der Steinbruch, in dem die Basaltlava gut ausgebildete Säulen zeigt, mit Grundwasser voll und bildete den so genannten Königssee. Malerisch schön – aber schwimmen ist verboten!

Der Königssee.

## 117 Trasshöhlen, Wolfsschlucht

UTM 32379212 5590834

Überbleibsel der einstigen Vulkanaktivitäten lassen sich bei einer aufschlussreichen Autotour erfahren: Als Trass wird ein spezieller Tuff bezeichnet, der durch den Ausbruch des Laacher See-Vulkans hier abgelagert wurde. Er ist ein begehrter Werkstein, eignet sich aber auch zur Herstellung von hydraulischem Zement. Zur Römerzeit lag beim heutigen Gasthaus Jägerheim bei **Burgbrohl** das Zentrum des *Tuffabbaus* im Brohltal. Das Geotop ist zugleich Station 1 der Route U des Vulkanparks Brohltal/Laacher See sowie Station 11 der Deutschen Vulkanstraße (▶ Seite 128). Hinter der ehemaligen Kurklinik Bad Tönisstein liegen die quartärzeitlichen Tuffschichten horizontal über den durch die variskische Gebirgsbildung steil gestellten devonischen Gesteinen. Der Geologe spricht hierbei von diskordanter Lagerung. Das Geotop ist Station 3 der Route U des Vulkanparks Brohl-

Der Königssee.

tal/Laacher See sowie Station 10 der Deutschen Vulkanstraße (▶ Karte Seite 128). In der *Wolfsschlucht* hat der Tönissteiner Bach oberhalb **Bad Tönisstein** den aus dem Laacher See-Vulkan stammenden Aschestrom bis auf die unterlagernden devonischen Gesteine durchschnitten. Im Bachlauf mit Wasserfall, engen Schluchten und breiten Auen kann man an einigen Stellen aufsteigende Kohlendioxid-Blasen beobachten. Das Geotop umfasst die Stationen 5 bis 7 der Route U des Vulkanparks Brohltal/Laacher See.

Die Wolfsschlucht.

## 118 Dachsbusch

UTM 32374445 5587811

Ein steinaltes Thermometer erzählt bei **Glees** die Klima-Geschichte: Der Vulkankegel des Dachsbusch unmittelbar östlich der Autobahn A 61 besteht aus basaltischen Schlacken, die von rötlichen basaltischen Aschen bedeckt sind. In der Nähe des Gipfels ist durch den Rohstoffabbau eine *Gleitfalte* auf über 35 m Länge und etwa zehn Meter Höhe erschlossen. Sie stellt ein vulkanologisches und klimageschichtliches Zeugnis von überregionaler Bedeutung dar: Während der Kaltzeiten (Pleistozän) herrschte in der Region Dauerfrost im Boden. Nur zeitweilig taute er in den obersten ein bis zwei Meter auf und bewegte sich ähnlich einem feuchtigkeitsgesättigten Brei hangabwärts. Die Umbiegezone der Gleitfalte zeichnet also eine Linie gleicher Temperatur nach, unterhalb jener der Boden über längere Zeit hinweg ständig gefroren war. Danach wurde der Berg von Löß überdeckt, der als dünnes gelbes Band im Anschnitt zu sehen ist. Schließlich erfolgten Bims-Ausbrüche aus dem benachbarten Wehrer Kessel, die den Dachsbusch überschütteten und die Falte bis heute vor der Abtragung bewahrt haben. Das Geotop ist zugleich Station 13a der Route H des Vulkanparks Brohltal/Laacher See und Station 9 der Deutschen Vulkanstraße (▶ Karte Seite 128).

## Eifel – Gutland

Dachsbusch.

## 119 Tuffsteinzentrum

UTM 32368815 5585887

Tuff, verfestigte vulkanische Asche, ist ein leichtes Gestein, standfest und gut zu bearbeiten. Deshalb war es bereits zur Römerzeit ein begehrter Baustoff. Das Tuffsteinzentrum in **Weibern** informiert über Geologie, Gewinnung und Verarbeitung dieses wertvollen Rohstoffes. Es besteht aus Steinmetzbahnhof, Weiberner Schaufenster mit künstlerisch gestalteten Tuffwänden und Steinsägehaus mit seiner funktionsfähigen Steinsägewerkstatt. Im Außengelände der Museumsinsel stehen eine große Steinsäge und ein Verladekran, außerdem sind Werkstücke aus Tuff ausgestellt. Das Tuffsteinzentrum ist zugleich Station der Route H des Vulkanparks Brohltal/Laacher See und Station 14 der Deutschen Vulkanstraße (▶ Karte Seite 128).

Windkaul in Weibern.

## 120 Hannebacher Ley

UTM 32367887 5590130

Hannebachit.

Der östlich von **Spessart-Hannebach** gelegene Vulkan ist einer der ältesten des Laacher Vulkangebiets. Nach einer explosiven Eruption wurden Aschen und ein Gemenge aus Bruchstücken vulkanischer und durch die Hitze veränderter devonzeitlicher Gesteine gefördert. Schließlich drang eine basaltähnliche, blasenreiche Lava auf. Bekannt wurde die Hannebacher Ley durch den weltweiten Erstfund eines Calcium-Sulfit-Minerals, welches den Namen Hannebachit erhielt. Die Hannebacher Ley ist Station der Route H des Vulkanparks Brohltal/Laacher See.

## Infos

■ **Vulkanpark Brohltal/Laacher See,** Kapellenstraße 12, 56651 Niederzissen, ✆ 02636/19433, @ tourist@brohltal.de, www.brohltal.de, www.deutsche-vulkanstrasse.com, ☉ Mai – Okt. Sa 11.30 – 14.30 Uhr, Gruppen nach Voranmeldung.

# 88 Schätze des Landes

- ▶ 49 Naturdenkmäler
- ▶ 24 Wandertouren
- ▶ 21 Museen
- ▶ 20 Autotouren
- ▶ 4 Bergwerke
- ▶ 2 Industriedenkmäler
- ▶ 1 Fahrradtour

## INFOS

■ *Vulkaneifel European Geopark,* Mainzer Straße 25 54550 Daun, ☎ 06592/933200 @ geopark@vulkaneifel.de www.geopark-vulkaneifel.de

■ *Vulkanpark Mayen-Koblenz* Rauschermühle 6 56637 Plaidt, ☎ 02632/98750 oder 0180/1885526 @ info@vulkanpark.com www.vulkanpark.com

■ *Vulkanpark Brohltal/Laacher See* Kapellenstraße 12 56651 Niederzissen ☎ 02636/19433 @ tourist@brohltal.de www.brohltal.de

■ *Eifel Tourismus GmbH* Kalvanienbergstraße 1 54595 Prüm, ☎ 06551/96560 @ info@eifel.info, www.eifel.info

■ *Rhein-Eifel-Mosel-Touristik* Bahnhofstraße 9, 56068 Koblenz ☎ 0261/108-419 @ info@remet.de, www.remet.de

■ *Ahr Rhein Eifel Tourismus & Service GmbH,* Klosterstraße 3-5 53507 Marienthal ☎ 02641/9773-0 @ info@wohlsein365.de www.wohlsein365.de

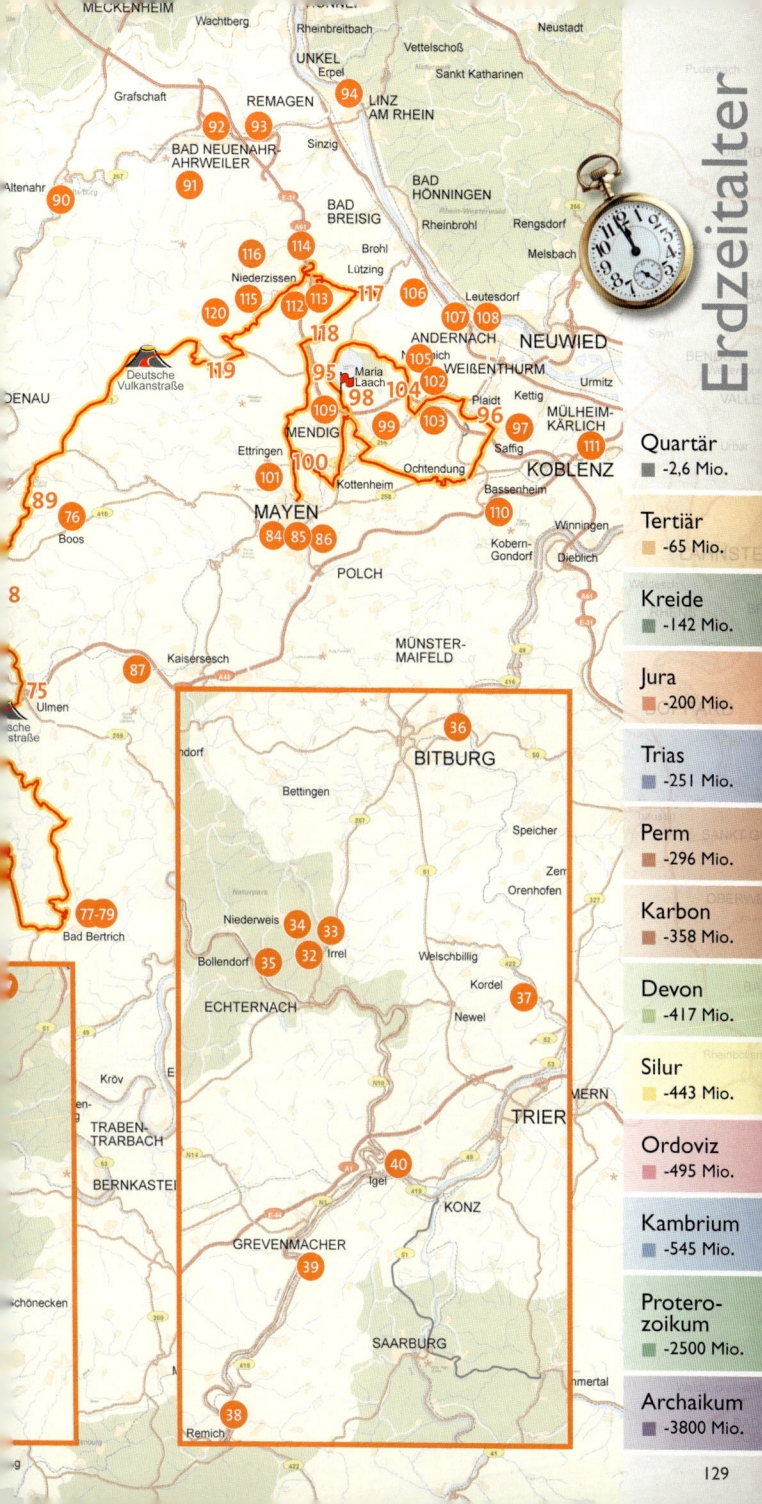

Quartär
■ -2,6 Mio.

Tertiär
■ -65 Mio.

Kreide
■ -142 Mio.

Jura
■ -200 Mio.

Trias
■ -251 Mio.

Perm
■ -296 Mio.

Karbon
■ -358 Mio.

Devon
■ -417 Mio.

Silur
■ -443 Mio.

Ordoviz
■ -495 Mio.

Kambrium
■ -545 Mio.

Protero-
zoikum
■ -2500 Mio.

Archaikum
■ -3800 Mio.

129

Koblenz
Bad Ems
Lahnstein

Rüdesheim

## Metall & Marmor ▶ 134

## Rhein & Stein ▶ 139

## Taunus & Meer ▶ 145

Burg Katz.

## Mittelrhein – Lahn – Taunus

◆ **17 Schätze des Landes entdecken**

▶ 7 Wanderungen     ▶ 5 Naturdenkmäler

▶ 8 Museen     ▶ 2 Industriedenkmäler

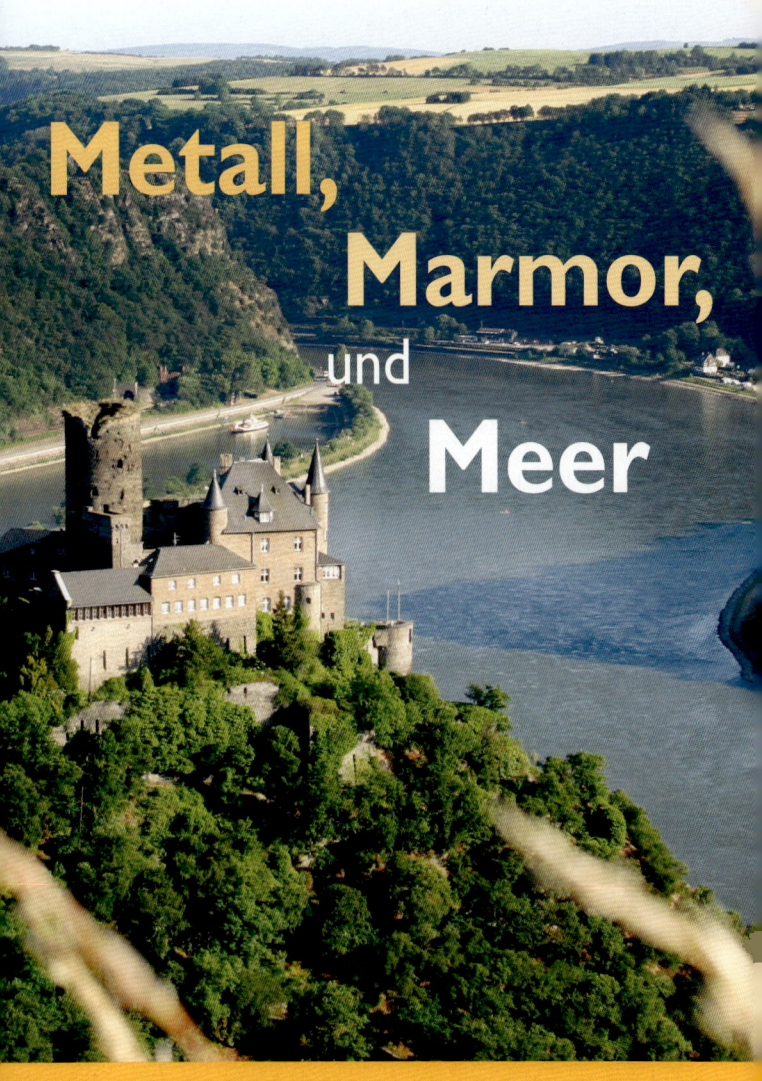

# Metall, Marmor, und Meer

Faszinierend sind die Zeugen der gebirgsbildenden Urgewalten, funkelnd die kristallenen Schätze, abenteuerlich die Reise in die Welt der Bergleute und prunkvoll die Bauten aus edlem Lahnmarmor: Die Region zwischen Mittelrhein, Lahn und Taunus ist eine geologische Schatzkiste.

Blick auf den Loreleyfelsen.

Mittelrhein, Lahn und Taunus befinden sich im Herzen des Rheinischen Schiefergebirges. Hier bilden etwa 400 Millionen Jahre alte Ablagerungsgesteine der Devonzeit das Grundgebirge. In die Gesteinsschichten aus Tonschiefern, Sandsteinen und Quarziten haben sich der Rhein (Oberes Mittelrheintal) und die Lahn tief eingeschnitten. Die Landschaft ist durch jahrtausendelange Besiedlung und Kultivierung geprägt. Der Rhein nimmt die Talsohle ein, die Siedlungen liegen am Talrand oder ziehen sich in die Nebentäler hinein. Auf den Sonnenhängen wachsen weltberühmte Rebkulturen, überragt von zahlreichen Burgen. Dieser besondere Reiz ist nicht zuletzt ausschlaggebend dafür, dass diese Landschaft zum UNESCO-Welterbe erklärt wurde. Mit der sagenumwobenen Loreley findet sich hier ein Wahrzeichen, an dem man die Hand auf gebirgsbildende Prozesse legen kann, die Hunderte von Millionen Jahren zurück liegen.

Damals wurden die ursprünglich horizontal liegenden, verfestigten und geschichteten Meeresablagerungen des Devon infolge der Kollision zweier Kontinente wie bei einem zusammen geschobenen Teppich in Falten gelegt. Sie türmten sich zu einem Gebirge auf, das einst wohl so hoch war wie die Alpen heute. Bei dieser Gebirgsbildung – die Geologen sprechen von der Variskischen Orogenese – bildeten sich aus den tonigen Meeresablagerungen Tonschiefer und aus den sandigen Gesteinen Quarzite. Die Schieferung ist eine Folge des gerichteten Druckes in der Erdkruste während der Gebirgsbildung, bei der sich die Minerale der Tonsteine parallel ausrichten und teilweise neu bilden. Tonschiefer und Quarzite gehören zu den Umwandlungsgesteinen oder Metamorphiten. Der Vorgang, der zur Bildung dieser Metamorphite führt, heißt Metamorphose. Verursacht wird er durch erhöhte Temperatur und/oder erhöhten Druck, was in der Regel durch tektonische Bewegungen in der Erdkruste bewirkt wird.

# Geologie & Landschaft
## Mittelrhein, Lahn und Taunus

Die verbreitetste Form der Gesteinsmetamorphose ist die Regionalmetamorphose. Bei ihr wirken Temperatur, Druck und Bewegung zusammen.

Im Zuge der Gebirgsbildung und auch im weiteren Verlauf der Erdgeschichte kam es neben der Faltung auch zur bruchhaften Verformung der Gesteine. Ganze Gesteinspakete wurden gegeneinander und übereinander verschoben und es bildeten sich Klüfte sowie Spalten. Diese waren Aufstiegswege für heiße, mineralhaltige Wässer, aus denen Erzminerale auskristallisieren konnten. Die Erze waren die Grundlage für einen wohl jahrtausendelangen Metallerzbergbau. Insbesondere in der Gegend von St. Goar, bei Braubach sowie im unteren Lahntal spielte Bergbau, der in der Mitte des 20. Jahrhunderts zu Ende ging, eine wichtige wirtschaftliche Rolle.

In der Region um Diez finden sich dagegen Ablagerungen devonischer Riffe. Sie belegen die Lebewelt des ehemaligen tropischen Meeres. Rifforganismen schieden Kalk aus dem Meerwasser ab und bildeten mächtige Kalksteinschichten. Ihre Eigenschaften wie beispielsweise attraktive Farben und Strukturen machten diese Kalke zu begehrten Werksteinen, die weltweit zum Einsatz kamen (Lahnmarmor).

Der rheinland-pfälzische Teil des Taunus, eine weite Hochfläche aus Tonschiefern und Quarziten, ist Beleg dafür, wie im Laufe der Jahrmillionen das Rheinische Schiefergebirge durch Verwitterung und Abtragung insbesondere während des Erdmittelalters (Mesozoikum) und der Tertiärzeit eingeebnet wurde. Erst in jüngster Erdgeschichte, während des Eiszeitalters (Pleistozän), formte sich die heutige Landschaft mit den tief eingeschnittenen Tälern des Rheins, der Lahn und ihrer Nebenflüsse und -bäche.

Untertage in Holzappel.

# Metall & Marmor

Durch das erzreiche Lahntal bis zu den fossilen Riffen in der Gegend von Balduinstein und Diez führt uns dieser Streifzug. In den devonischen Gesteinen des Schiefergebirges treten zwischen Friedrichssegen und Holzappel mehrere Vererzungszonen auf, aus denen noch bis Mitte des 20. Jahrhunderts Blei, Zink, Kupfer und Silber gewonnen wurden. Schon die Römer sollen hier nach Erzen gegraben haben.

Die Erze entstanden aus heißen, metallhaltigen Wässern, die aus der Tiefe der Erdkruste entlang von Klüften im Gestein nach oben stiegen. Dabei kristallisierten Erzminerale wie Siderit (Eisenspat), Bleiglanz, Zinkblende und Kupferkies. Weiter lahnaufwärts treffen wir dann auf devonzeitliche Meeresablagerungen, den Lahnmarmor. Der Lahnmarmor ist kein Marmor im geologischen Sinn, sondern ein polierfähiger Kalkstein, der durch Rifforganismen gebildet wurde. In alle Welt exportiert, findet er sich als Baumaterial in vielen repräsentativen Gebäuden, bis hin zum königlichen Palast in Batavia auf Java.

## Mittelrhein – Lahn – Taunus

**»** **Bleiglanz** oder Galenit, ein Bleisulfid (PbS), ist seit dem Altertum bis heute das wichtigste Erzmineral zur Erzeugung von Bleimetall. Da es fast immer Spuren von Silber enthält, ist es auch eines der wichtigsten Silbererze. Das bleigraue bis grauschwarze, metallisch glänzende Mineral kristallisiert meist in Würfel- oder Oktaederform.

## 121 Ruppertsklamm

UTM 32402183 5574750

▶ 3 km ▶ 2h

Die wildromantische Ruppertsklamm, die man vom Parkplatz an der B 260 bei der Schleuse Hohenrhein erreicht, ist Ausgangspunkt einer steinigen Wanderung. Dort wird ein Kapitel der Flussgeschichte der Lahn aufgeschlagen: Die enge Schlucht bei **Lahnstein** entstand durch das gewaltige Einschneiden eines kleinen Gewässers während des Eiszeitalters (Pleistozän) in die hier anstehenden devonischen Gesteine. Noch vor einer Million Jahren floss die Lahn in einem über 100 m höher gelegenen Niveau und hinterließ Kies- und Sandablagerungen, so genannte Terrassen, auf den Hochflächen zu beiden Seiten ihres späteren Engtals. Erst vor etwa 500.000 Jahren verstärkte sich im Zuge der Hebung des Rheinischen Schiefergebirges die Tiefenerosion des Rheins und seiner Nebenflüsse, darunter auch des kleinen Bachs, der durch die Ruppertsklamm fließt. Das heutige Talniveau erreichte die Lahn erst in den letzten 10.000 Jahren.

Ruppertsklamm.

## 122 Bergbaumuseum

UTM 32403751 5573852

Carlstollen.

▶ 6 km ▶ 2h

Nur wenige Kilometer entfernt erreicht man auf der anderen Lahnseite den Bergbauort **Friedrichssegen**, wo urkundlich gesichert mindestens seit dem frühen 13. Jahrhundert Bergbau umging. Die Blütezeit lag im späten 19. Jahrhundert, als um die 14.000 t Erz jährlich gefördert wurden. Die Gesamtlänge der Stollen und Strecken betrug über 22 km. Rückläufige Erzfunde führten 1913 zur Stilllegung. Im Friedrichsse-

## Infos

■ **Bergbaumuseum Grube Friedrichssegen**, *Ahler Hof, 56112 Lahnstein, ✆ 02621/2841, @ www.bergbaumuseum-friedrichssegen.de, ☉ Di 14 – 17 Uhr. Führungen nach Voranmeldung.*

Bleiglanz.

gener Tal sind noch zahlreiche Zeugen des Bergbaus entlang eines *Bergbaupfades* zu erwandern. Wie es dort um 1900 aussah, kann man im *Bergbaumuseum* Friedrichssegen anhand eines Modells nachvollziehen. Historische Grubenbilder und herrliche Mineralstufen, darunter die weltberühmten Braunbleierze der Gegend, runden die Ausstellung ab.

## 123 Bergbaumuseum Bad Ems

UTM 32408957 5578343  ▶ 5 km ▶ 1h 45min

Der einst mondäne Kurort **Bad Ems**, der wegen seiner Thermalquellen bekannt wurde, besitzt ebenfalls eine lange Bergbautradition. Mehrere Bergwerke bauten hier Metallerze ab. Präsentiert wird die Bergbaugeschichte im Emser *Bergbaumuseum*, das im ehemaligen Steigerhaus der Emser Bleihütte eingerichtet wurde. Hier ist von den ersten Bergbauspuren aus römischer Zeit über die früheste Urkunde der „Silbergruben zu Ems" aus dem Jahr 1158 von Kaiser

Mit Erz gefüllte Loren.

Friedrich Barbarossa, der Blütezeit im 19. Jahrhundert bis hin zur Grubenschließung 1945 die Entwicklung des Bergbaus anhand zahlreicher Exponate dokumentiert. Ein Highlight ist sicher das „Mineralogische Kabinett", in dem es die faszinierende Schönheit der heimischen Minerale und Erze, darunter die berühmten „Emser Tönnchen" (Pyromorphit) zu bestaunen gibt. Am *Blöskopf* kann man noch einige Bergbauspuren erwandern, darunter den steinernen Förderturm des Adolph-Schachts der Grube „Pfingstwiese".

# Mittelrhein – Lahn – Taunus

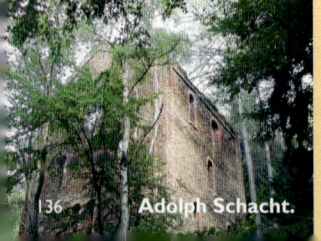

■ *Arbeitsgemeinschaft Bahnen und Bergbau e. V.*, Emser Hütte 13, 56130 Bad Ems, ✆ 0175/2602034, @ frank.girmann@emser-bergbaumuseum.de, www.emser-bergbaumuseum.de, ☉ März – Okt.: So 14 – 16 Uhr, jederzeit nach Voranmeldung.

Adolph Schacht.

UTM 32421413 5578172

▶ 1 km

Fördergerüst als Modell.

Fährt man ▶ 25min über Nassau weiter lahnaufwärts, erreicht man bald das zweite größere Erzrevier an der unteren Lahn. Bis 1952 wurde hier in der Grube **Holzappel** Erz gefördert. Nur wenige Zeugen des mindestens seit 1535 betriebenen Bergbaus sind erhalten und über einen *Bergbaulehrpfad* erschlossen. Der Bergbau bildet auch einen Schwerpunkt des *Heimat- und Bergbaumuseums* Esterau. Neben der Dokumentation der Geschichte der Grube Holzappel anhand von Grubenplänen, Fotos, Geleucht und bergmännischen Gerätschaften sowie Bergmannstrachten werden vor allem schöne Mineral- und Gesteinsfunde präsentiert. Dabei sind Exponate aus der Sammlung des Erzherzogs Stephan von Österreich herausragend. Er trug mit über 14.000 Stücken eine der umfangreichsten Mineralsammlungen des 19. Jahrhunderts zusammen, deren größter Teil sich im Museum für Naturkunde in Berlin befindet. Ergänzt wird die Schau durch Fossilien des Rupbach-Schiefers aus der Devon-Zeit. Auch der Lahnmarmor hat hier seinen Platz.

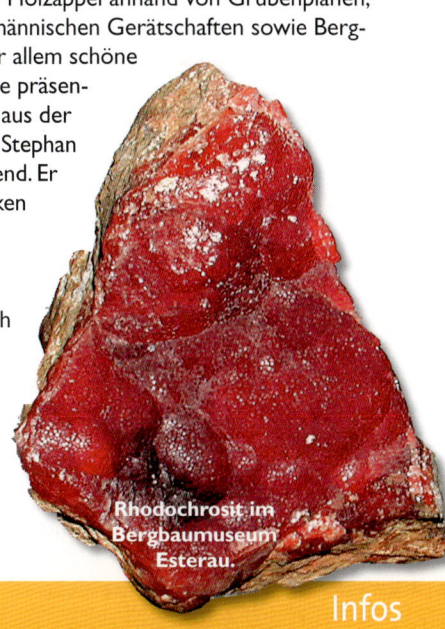

Rhodochrosit im Bergbaumuseum Esterau.

**Infos**

■ *Förderverein Heimatmuseum Esterau e.V.*, Rathaus, 56379 Holzappel, ✆ 06439/7542 oder 348 (Gemeindeverwaltung), @ www.esterau.de, www.rhein-lahn-info.de/museum-esterau, ☉ März – Okt. So 15 – 17 Uhr, jederzeit nach Voranmeldung, auch Gruppenführungen.

Schaumburg.

Eine besondere Sehenswürdigkeit auch aus geologischer Sicht ist das *Schloss Schaumburg* oberhalb des Lahntals. Es wurde auf einem etwa 30 Millionen Jahre alten Vulkan der Tertiär-Zeit erbaut. Basalt diente auch als Baumaterial. Im 19. Jahrhundert ließ Erzherzog Stephan von Österreich das Schloss im neugotisch-englischen Stil (Tudorstil) umbauen. Für den Fußboden der Bibliothek und die Futterkrippen im Marstall wurde Balduinsteiner Lahnmarmor verarbeitet. Direkt unterhalb des Schlosses verläuft die aus Basalt, Kalkstein und Tonschiefer errichtete Umfassungsmauer. Auf dem Weg nach **Balduinstein** passiert man einen kleinen *Straßentunnel*. Hier ist grünschwarzer, umgewandelter Basalt, so genannter Diabas zu sehen. Der Basalt entstand im Devon durch das Eindringen glutflüssiger Lava in Meeresablagerungen. Die *Burg Balduinstein*, oberhalb der Lahn auf einem Felssporn gelegen, ist aus untermeerischen vulkanischen Gesteinen (Schalstein und Diabas) und Kalkstein des Devon erbaut.

Am östlichen Torbogen sind Tonschiefer, Basalt, Tuffstein sowie Eisenerz aus der Umgebung verarbeitet worden. Um 1660 begann in Balduinstein der Abbau von Eisenerz, später die Gewinnung von Lahnmarmor, die bis 1927 andauerte. Einer der zahlreichen ehemaligen Steinbrüche, in dem Lahnmarmor gewonnen wurde, liegt unweit flussaufwärts am nördlichen Lahnufer unterhalb von Diez, wo die Riffablagerungen noch heute gut zu erkennen sind.

Ruine Balduinstein.

## Mittelrhein – Lahn – Taunus

**Lahnmarmor im alten Steinbruch.** Edelfels

**Blick vom Rochusberg auf das Binger Loch.**

## Stichwort
# Rhein & Stein

Seit 2002 ist das Obere Mittelrheintal zwischen Bingen und Koblenz UNESCO-Welterbe. Die eindrucksvolle Kulturlandschaft steht sprichwörtlich für Deutschland. In Mode kam die Region mit der Dampfschifffahrt zu Beginn des 19. Jahrhunderts. Junge romantische Dichter wie Lord Byron und Mary Shelley dokumentierten poetisch ihre Reiseeindrücke und erweckten die Rheinreiselust. Landschaftsprägend seit der Römerzeit und heute ein wichtiger Wirtschaftsfaktor ist der Weinbau.

So gedeihen auf Schiefer oder Grauwacke Riesling und Spätburgunder. Auch zahlreiche mediterrane Pflanzen haben hier ihre Heimat: Das von der Sonne aufgeheizte Gestein gibt nachts die gespeicherte Wärme ab – mit ein Grund für das milde Mittelrheinklima. Was die Steilhänge am Mittelrhein nicht auf den ersten Blick verraten, ist die Bergbaugeschichte der Region - Blei, Zink, Kupfer und Silber wurden gewonnen. Auch der Dachschieferabbau hat hier lange Tradition: Die graublauen Schieferdächer sind ein Markenzeichen des Mittelrheintales.

## Infos

**»** **Grauwacke** ist ein alter Begriff für Sandstein mit einem Anteil an unaufgearbeiteten Gesteinsbruchstücken (▶ Foto links).

## 126 Geologischer Wanderweg

UTM 32396967 5574228  ▶ 6,5 km ▶ 2h

Eine geologische Reise entlang des Rheins startet in **Koblenz**: Der *Geologisch-landeskundliche Rundwanderweg* stellt an 12 Stationen für den Raum typische geologische und landschaftliche Eigenschaften vor. Ausgangspunkt ist der Parkplatz am Remstecken. Vom Nordwest-Hang des 382 m hohen Kühkopfes sind Ausblicke auf das weite Mittelrheinische Becken und auf die Taleinschnitte von Rhein und Mosel möglich. Die Stationen behandeln die geologischen Grundlagen des Devon bis zu den letzten Ausformungen der Landschaft in jüngster erdgeschichtlicher Zeit seit dem Ende des Eiszeitalters (Pleistozän). In unmittelbarer Nähe liegen der *Archäologische Wanderweg* (Gesamtstrecke 7,4 km) sowie der *Naturlehrpfad am Waldpark* (1,2 km).

## 127 Die Marksburg und der Braubacher Bergbau

UTM 32403734 5569737

Die 1231 erstmals urkundlich erwähnte Marksburg in **Braubach** ist die einzige Höhenburg am Mittelrhein, die nie zerstört wurde und wohl der Inbegriff des Burgenbaus am Rhein. An zahlreichen Stellen ist der dunkle Fels des Untergrundes – devonische Schiefer mit dünnen Sandsteinlagen – Bestandteil des Bauwerks. Aus diesen Gesteinen, die direkt am Burgberg oder in Steinbrüchen der Umgebung gewonnen wurden, ist auch das Mauerwerk der Burg ausgeführt. 1780 erschütterte ein heftiges Erdbeben die

**Marksburg mit den Schornsteinen der Blei- und Silberhütte.**

## Mittelrhein – Lahn – Taunus

■ *Koblenz-Touristik*, Bahnhofsplatz 7, 56068 Koblenz, ℂ 0261/303880, @ info@touristik-koblenz.de
■ *Deutsche Burgenvereinigung e. V.*, Marksburg, 56338 Braubach, ℂ 02627/206, @ www.deutsche-burgen.org, www.marksburg.de

Marksburg. In einem Zeitungsartikel von damals heißt es: „Durch das am 26. und 27. vorigen Monats (Februar) in einigen Gegenden verspürte Erdbeben hat die ohnweit Braubach gelegene Festung Marksburg beträchtlichen Schaden gelitten. Der große massive Pulverturm hat sich von oben bis unten von dem Hauptgebäude losgerissen (…) Sogar der Felsen, worauf der Thurm ruhte, ist von oben bis unten geborsten ...“ Die Schäden sind teilweise noch heute zu sehen.

Auch der Braubacher Erzbergbau war mit der Marksburg verbunden. 1301 verlieh König Albrecht dem Burgherrn Graf Eberhard von Katzenelnbogen das Recht, im Umkreis von einer Meile um die Burg Bergwerke anzulegen. Die späteren Bergwerke auf Blei, Zink, Kupfer und Silber gaben über Jahrhunderte den Menschen Lohn und Brot, zuletzt in Braubach die 1963 stillgelegte Grube „Rosenberg“, aus der sich Braunbleierzstufe-Stücke weltweit in Mineraliensammlungen befinden. Die drei hoch auf dem Berg Pankert stehenden Schornsteine der ehemaligen Blei- und Silberhütte Braubach – Zeugen früher Bestrebungen, schädliche Immissionen von der Kultur- landschaft fernzuhalten – prägen das Landschaftsbild.

**Braunbleierz.**

## 128 Bergbau- und Landschaftspfad

UTM 32405433 5558564    Ⓜ   👟   ▶5 km ▶ 1h 30min

Bei **St. Goarshausen** wurde auf beiden Seiten des Rheins in der Grube „Gute Hoffnung“ Blei- und Zinkerz gewonnen. Die links- rheinisch gelegene Anlage „Prinzenstein“ war mit dem rechtsrhei- nisch gelegenen „Auguststollen“ durch eine rund 130 m unter dem Rhein gelegenen Strecke verbunden – einzigartig in Deutsch- land. Die Geschichte des einstigen Erzbergbaus und eine umfang- reiche Sammlung von Mineralien aus allen Regionen der Erde werden in einem kleinen privaten *Museum* in **Prath** präsentiert.

### Infos

■ *Mineralien- und Bergbaumuseum,*
*Pfarrer-Reuter-Straße 15, 56346 Prath,*
📞 *06771/7755,* @ *www.loreley-touristik.de,*
🕐 *nur nach Voranmeldung, auch am Wochenende.*

Erwandern kann man die Bergbaugeschichte auf dem *Bergbau- und Landschaftspfad.* Auf insgesamt 33 Info-Tafeln werden zudem Erdgeschichte sowie Klima, Flora und Fauna erläutert. Der Pfad beginnt in Ehrenthal, verläuft bergauf entlang der Schutzhütte „Sachsenhäuser Feld" über Felder und Wiesen, passiert einen alten Pulverturm, um schließlich mit herrlichem Blick auf die Burg Maus in Serpentinen hinab nach St. Goarshausen-Wellmich zu führen. Linksrheinisch zeigen ebenfalls ausgeschilderte Wanderwege interessante Relikte des Bergbaus.

## 129 Besucherzentrum Loreley

Gesteinsfalte am Spitznack.

Die Loreley bei **St. Goarshausen** ist zu Stein gewordener Meeresboden der Devon-Zeit. Der Frage, wie aus den Meeresablagerungen ein Mittelgebirge wurde, kann man im Besucherzentrum auf dem Loreley-Plateau nachgehen. Hier werden alle Facetten der Mittelrheinlandschaft beleuchtet. Und auch im Gelände kann man die Hand auf die Erdgeschichte legen. Die Gesteinsfalte wenig südlich des Plateaus am Spitznack ist ein exemplarischer Beleg für die Kräfte, die bei der Auffaltung des Rheinischen Schiefergebirges gewirkt haben, als die Sand- und Tonsteine wie bei einem zusammen geschobenen Teppich in Falten gelegt wurden. Dabei entstanden auch die Tonschiefer, die örtlich als Dachschiefer genutzt wurden. Abgebaut wurden diese insbesondere in der Gegend von Kaub und Bacharach.

## Mittelrhein – Lahn – Taunus

■ *Besucherzentrum Loreley, Auf der Loreley, 56346 St. Goarshausen,* ☎ *06771/599093,* @ *info@loreley-besucherzentrum.de, www.loreley-touristik.de, www.welterbe-mittelrheintal.de,* ☉ *April – Okt.: täglich 10 –18 Uhr.*

UTM 32423278 5535820

Vorbei am Binger Loch, dem südlichen Ende des Mittelrhein-Eng-
tals, erreicht man **Bingen**. In einem stillgelegten Steinbruch am
Nordost-Ende des Rochusberges stößt man auf hellgrauen bis
rötlichen Quarzit aus dem Devon. Wissenschaftliche Berühmtheit erlangte das Naturdenkmal durch Johann Wolfgang von

Die Goethe-Brekzie.

Goethe, der hier 1814
eine durch Kieselsäu-
re verkittete Brekzie
(*verfestigtes Trümmerge-
stein eckiger Bruchstücke*)
aus Taunusquarzit- und
Tonschiefer-Bruchstü-
cken beschrieben hat,
die sich noch heute am
Eingang des Stein-
bruches befindet. Sie
entstand im Bereich
einer Verwerfung, an
der Gesteinsschollen
gegeneinander verscho-
ben wurden. Dabei wur-
de das schon verfestigte
Gestein in Trümmer
zerbrochen, die später
durch Kieselsäure fest
verkittet wurden.

## 131 Grube Dr. Geier

UTM 32416616 5534749

Unweit von Bingen sind auf der Amalienhöhe oberhalb von
**Waldalgesheim** die Anlagen der ehemaligen Grube „Dr. Geier"
erhalten. Das Ensemble im neobarocken Stil, von den Darmstäd-
ter Architekten Gero Marquart und Eugen Seibert konzipiert,
stellt eines der bedeutendsten Bauwerke deutscher Industriear-
chitektur dar.

## Infos

» **Manganerze** werden seit Jahrtausenden genutzt: Die Verwendung von Farbpigmenten aus Manganoxiden kann 17000 Jahre
zurückverfolgt werden. Heute wird Mangan vor allem als Stahlvered-
ler eingesetzt. Eines der wichtigsten Manganerze ist der Pyrolusit
(▶ Foto links, Mangandioxid, $MnO_2$), das in Rheinland-Pfalz recht
häufig vorkommt, unter anderem in der Manganerzgrube Dr. Geier in
Waldalgesheim.

Die Grube förderte zunächst Mangan-Brauneisen-Erze, die in devonischen Kalk- und Dolomitsteinen auftreten. Ab der Mitte der 1950er Jahre bis zur Einstellung des Betriebs im Jahr 1971 wurde Dolomit gewonnen. Unter Mineralienliebhabern wurde das Bergwerk durch prachtvolle Funde von Rhodochrosit (Mangan- oder Himbeerspat, ein Mangankarbonat) bekannt, die zu den schönsten Deutschlands zählen.

Rhodochrosit.

## 132 Klippen im Trollbachtal

UTM 32420327 5531867

Endpunkt der geologischen Reise entlang des Rheins sind die bis 15 m hohen Felsrippen am Süd-Hang des Burg-Berges östlich **Burglayen** und an der Trollmühle, die sich mauer- bis turmartig an der linken Talseite hinaufziehen. Die Felsen sind Erosionsreste von Ablagerungen des Rotliegend (Perm). Es sind Trümmergesteine, die aus eckigen bis runden Bruchstücken überwiegend devonzeitlicher Gesteine bestehen.

Klippen im Trollbachtal.

Man deutet diese Ablagerungen als Schwemmfächer-Sedimente, sogenannte Fanglomerate, der Rotliegend-Zeit, die im Saar-Nahe-Becken weit verbreitet sind. Sie entstanden während kurzer, stoßweiser Schichtfluten (Schlamm- oder Schuttströme), wie sie bei wüstenhaftem Klima besonders am Fuß von Gebirgen auch heute häufig auftreten.

## Mittelrhein – Lahn – Taunus

Sandablagerungen.

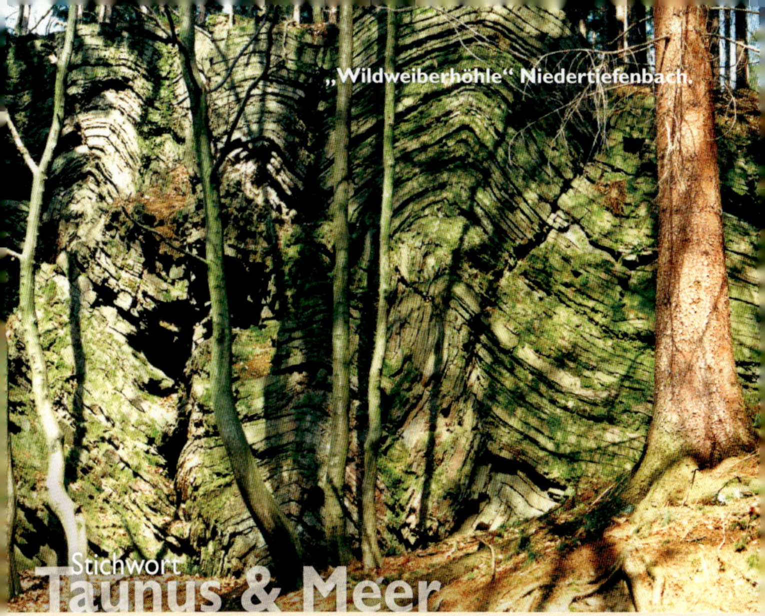

„Wildweiberhöhle" Niedertiefenbach.

Stichwort
# Taunus & Meer

Die flachwellige Hochfläche des Taunus ist Teil des Rheinischen Schiefergebirges. Tonschiefer, Sandsteine und Quarzite des Devon bilden das Grundgebirge, in das sich die Bäche, die zum Rhein und zur Lahn entwässern, tief eingeschnitten haben. Es finden sich aber auch vulkanische Gesteine und Kalke aus dem Devon, die lokal heute noch als Rohstoff gewonnen werden. Während der Tertiär-Zeit waren Teile des Taunus sogar vom Meer überflutet. Es hinterließ kiesige und sandige Ablagerungen, die an vielen Stellen beobachtet werden können.

Auch in dieser Region hat der Bergbau eine wichtige Rolle gespielt. Insbesondere Eisen- und Manganerze wurden im Raum Katzenelnbogen/Hahnstätten abgebaut. Die Grube „Rothenberg" bei Oberneisen beispielsweise war einst Fundort schöner Rhodochrosit- oder Manganspat-Stufen (Mangankarbonat, $MnCO_3$), die in vielen Sammlungen vertreten sind, darunter auch in Holzappel (▸ Seite 137). Heute ist der Bergbau erloschen, seine Tradition wird aber in den Museen der Region aufrecht erhalten.

## Infos

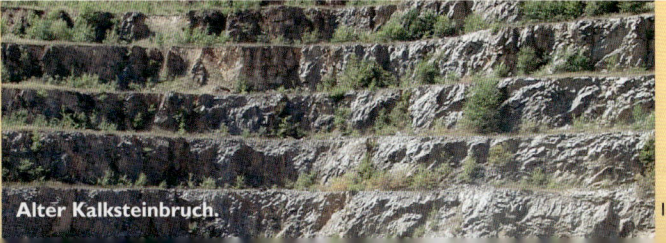

Alter Kalksteinbruch.

### 133 Heimatmuseum

UTM 32417005 5569748

Eine besondere Schatzkammer ist in den **Singhofener** Heimat-
stuben zu besichtigen. Die Privatsammlung von Horst und Ange-
lika Bauer enthält vor allem klassische Minerale aus heimischen
Gruben, besonders aus Bad Ems und Braubach. Prächtige Funde
von Bergkristallen aus Taunus, Hunsrück sowie ganz Deutschland

Heimatmuseum.

sind ebenso zu bewundern wie Minerale
aus allen Erdteilen. Eine Vitrine zeigt Mineralstufen der berühmten Grube „Clara"
bei Oberwolfach im Schwarzwald, eine
weitere vorwiegend einheimische Fossilien.
Zu sehen sind auch viele historische Berg-
mannsgerätschaften. Eine umfangreiche
Sammlung von Mikromineralen ist nach
Voranmeldung zugänglich.

### 134 Geologisches Freilichtmuseum

UTM 32419553 5565102

In **Bettendorf** vermittelt das private Museum dem Besucher
einen Eindruck von der geologischen Vielfalt der Landschaft
zwischen Rhein und Lahn. Etwa 50 Gesteine sowie Funde aus dem
einst regen Bergbau der Region bilden den Fundus der Freiluftaus-
stellung. Schautafeln informieren über geologische Zusammenhänge und Gesteine. Prachtexemplar der Ausstellung ist ein etwa zehn
Zentner schwerer Block verkieselter Korallen vom Ergenstein bei
Katzenelnbogen. Dem Freilichtmuseum angeschlossen ist eine Mi-
neral-Ausstellung mit regionalem Schwerpunkt Rhein-Lahn-Taunus.

### 135 Wildweiberhöhle

UTM 32423427 5566899

Die als Naturdenkmal ausgewiesene Felsklippe in **Niedertiefenbach** besteht aus hellgrauem, gebanktem Taunusquarzit des frühen
Devon. Das Gestein ist während der Bildung des Rheinischen
Schiefergebirges in eindrucksvolle Falten gelegt worden, die hier
exemplarisch zu sehen sind.

## Mittelrhein – Lahn – Taunus

■ *Heimatmuseum Singhofen, Hauptstraße,
56379 Singhofen,* ☏ *02604/7555 oder /1628,*
@ *www.rhein-lahn-info.de,* ☉ *März – Nov.: jeden 2. und
4. So im Monat 14 – 17 Uhr auch nach Voranmeldung.*
■ *Gemeinde Bettendorf,* ( ▶ *Foto rechts) 56355 Bettendorf
bei Nastatten,* ☏ *06772/513,* @ *www.rhein-lahn-kreis.de,*
☉ *frei zugänglich, Mineraliensammlung nach Voranmeldung.*

## 136 Einricher Heimatmuseum

UTM 32427034 5568839

Als Einrich wird der Teil des Taunus bezeichnet, der im Westen vom Rhein, im Norden von der Lahn, im Osten vom Aartal und im Süden etwa von der Linie Sankt Goarshausen – Aarbergen begrenzt wird. Im Einricher Heimatmuseum werden verschiedenste Facetten dieser Landschaft präsentiert. An die einstige Bergbauregion um **Katzenelnbogen** und Hahnstätten, in der um 1880 noch mehr als ein Dutzend Eisenerzgruben bestanden, erinnern Exponate zur Bergbaugeschichte und der Steinindustrie der Region. Auch Fossilien aus dem westlichen Taunus sind zu bewundern.

## 137 Naturerlebnispfad Hahnstätten

UTM 32432832 5572444

▶ 5 km ▶ 1h 30min

Der östlich **Hahnstätten** auf dem Heideberg beginnende und entlang des Hohlenfelsbaches führende Pfad bringt dem Wanderer an 19 Stationen die Natur mit buchstäblich allen Sinnen nahe. Schwerpunkte sind die Ökosysteme „Wald" und „Tal". Von Station 12 bietet sich ein schöner Blick zur Burg Hohlenfels mit der ihr zu Füßen liegenden Domäne. Einige Stationen widmen sich der Geologie. Die Burg steht auf devonischem Riffkalkstein, der unweit in einem großen Steinbruchbetrieb gewonnen wird. In einen benachbarten, aufgelassenen Steinbruch kann man hineinschauen. Im nahe

Römerquelle.

gelegenen Zollhaus befinden sich die Römerquelle und der Johannisbrunnen, nahe dem Radwanderweg. Das eisenhaltige Wasser kann direkt an der Quelle getrunken werden. Bis 1914 gab es hier einen Abfüllbetrieb, der das Wasser unter der Marke „Johannis" (The King of natural table water) vorwiegend nach Übersee verschickte. Von der wegen ihrer Mineralfunde bekannten Grube „Rothenberg" in Oberneisen sind noch Halden und einige Gebäude erhalten.

## Infos

■ **Einricher Heimatmuseum**, Stiftstraße 5, 56368 Katzenelnbogen, ☏ 06486/911813, @ www.rhein-lahn-info.de

■ **Verbandsgemeinde Hahnstätten**, Austr. 4, 65623 Hahnstätten, ☏ 06430/9114-115, @ touristik@vg-hahnstaetten.de, www.vg-hahnstaetten.de, www.aar-touristik.de, ☉ ganzjährig.

# ❖ 17 Schätze des Landes

- ▶ **7 Wanderungen**
- ▶ **8 Museen**
- ▶ **5 Naturdenkmäler**
- ▶ **2 Industriedenkmäler**

## INFOS

■ *Lahn-Taunus Touristik e.V.*
*Obertal 9a*
*56377 Nassau*
☏ *02604/951991*
🖷 *02604/952525*
@ *info@lahn-taunus.de*
*www.lahn-taunus.de*

■ *Initiative Region*
*Mittelrhein e.V.*
*Stresemannstraße 3 – 5*
*56068 Koblenz*
☏ *0261/1202159*
🖷 *0261/120882159*
@ *kontakt@region-mittelrhein.info*
*www.region-mittelrhein.info*

■ *Lahn-Taunus Touristik e.V.*
*Obertal 9a*
*56377 Nassau*
☏ *02604/951991*
🖷 *02604/952525*
@ *info@lahn-taunus.de*
*www.lahn-taunus.de*

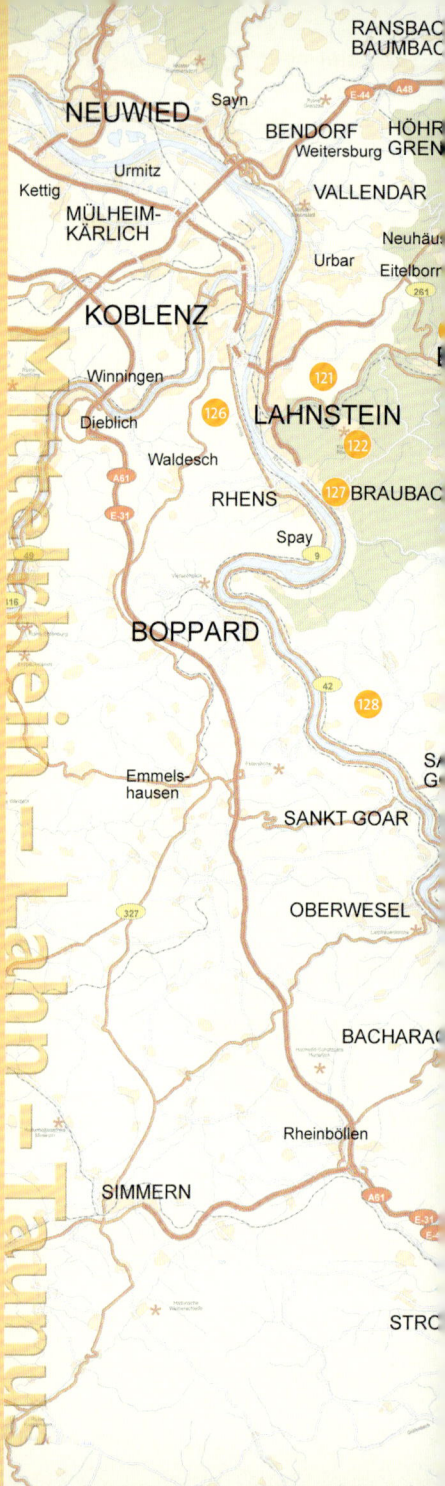

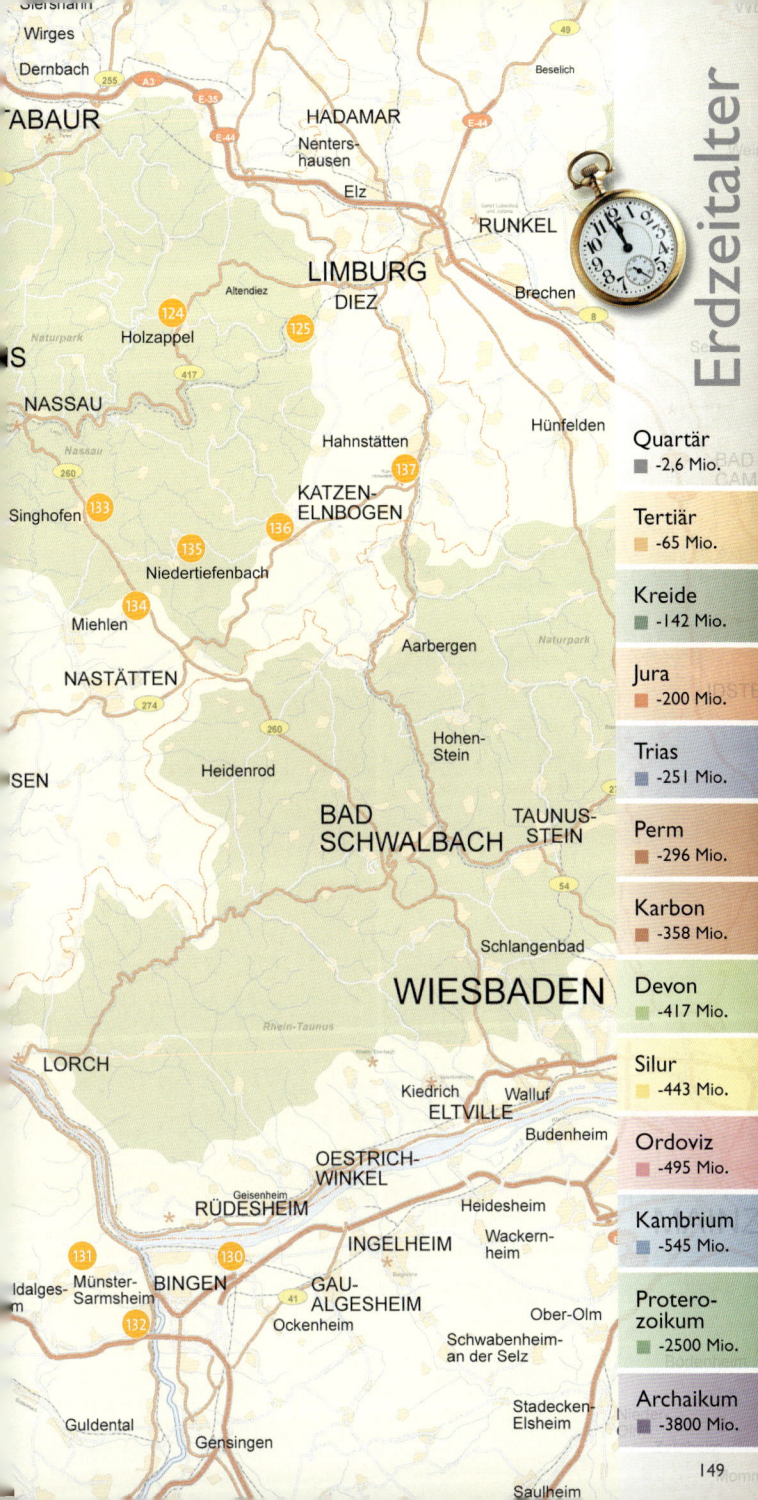

## Fluss-Schlingen ▶ 154

## Schlägel & Eisen

## Holz, Erz & Schiefer ▶ 159

# Hunsrück – Moseltal

 **21 Schätze des Landes entdecken**

| | |
|---|---|
| ▶ 12 Wanderungen | ▶ 6 Naturdenkmäler |
| ▶ 6 Museen | ▶ 1 Autotour |
| ▶ 2 Bergwerke | ▶ 1 Fahrradtour |

# Stein
und
# Wein

Die Moselschleife bei Detzem.

Sonnenverwöhnte Rebhänge und rauhe Höhenzüge laden zu einer abwechslungsreichen Reise in die Geologie und Landschaftsgeschichte ein. Ob beim Erklettern der Moselhänge oder bei der Einfahrt ins Schieferbergwerk – mehr als 400 Millionen Jahre Erdgeschichte warten darauf, entdeckt zu werden.

**Mosel bei Detzem: Fünf-Seen-Blick.**

Hunsrück und Moseltal befinden sich geologisch betrachtet zum Großteil im Südwesten des Rheinischen Schiefergebirges. Dieses alte Gebirge, welches vor etwa 340 bis 320 Millionen Jahre durch weitreichende Bewegungen in der Erdkruste aufgefaltet wurde, besteht überwiegend aus Tonschiefern, quarzitischen Sandsteinen und Quarziten. Sie bildeten sich aus den vor etwa 400 Millionen Jahren als Meeressedimente abgelagerten Sand- und Tonsteinen des Devon. Die Fossilien aus dem Hunsrückschiefer von Bundenbach, beispielsweise wohlerhaltene Seelilien, sind weltberühmt. Dass sich dieses Gebirge heute als sanft geschwungene Mittelgebirgslandschaft darstellt, liegt an der intensiven Verwitterung und Abtragung während des Erdmittelalters (Mesozoikum) und des Tertiär. Die heutige Oberflächengestalt bildete sich erst während des Eiszeitalters (Pleistozän) heraus.

Charakteristisch für den Hunsrück sind die bewaldeten Höhenrücken. Sie bestehen aus verwitterungsbeständigem Quarzit und bilden daher die höchsten Erhebungen in Rheinland-Pfalz: so den Erbeskopf mit 818 m. Auf der nordwestlichen Seite der Höhenrücken sind vielerorts Hangmoore anzutreffen, die sich durch besondere Boden- und Wasserverhältnisse entwickeln konnten.

Beiderseits der Wasserscheide zwischen Mosel und Nahe erstreckt sich die relativ gleichförmige Hunsrück-Hochfläche, deren Untergrund im Wesentlichen aus Tonschiefer besteht, die zum Teil tiefgreifend verwittert sind. Generell gilt für das Rheinische Schiefergebirge, dass die Gesteine durch die mesozoisch-tertiäre (▶ Erdzeitalter Seite 25) Verwitterung tiefgründig zersetzt wurden und mächtige Verwitterungsdecken ausbildeten. Zur Mosel hin wird die Hunsrück-Hochfläche stärker durch tief eingeschnittene Täler in Höhenrücken mit steilen Flanken aufgelöst. Nordöstlich schließt sich die Simmerner Mulde mit Schiefern des Devon an.

# Geologie & Landschaft

## HUNSRÜCK UND MOSELTAL

Sie besitzt daher flache Rücken, wenig eingesenkte Täler und breite Quellmulden. Im Südosten liegt schließlich der Soonwald, eine etwa 40 km lange Zone von Quarzit-Kämmen. Die schmale Abdachung des Hunsrücks zum oberen Mittelrheintal zwischen der Moselmündung und dem Binger Wald wird als Rheinhunsrück bezeichnet. Der Moselhunsrück, zwischen Hunsrück und Moseltal, reicht vom unteren Dhrontal bis ins Neuwieder Becken.

Der Hunsrück hat vielerlei Bodenschätze geliefert. In den Revieren von Veldenz, Traben-Trarbach, Altlay, Tellig und anderen wurden teilweise bis in die Mitte des 20. Jahrhunderts Blei-, Zink-, Kupfer- und Silbererze gewonnen. Eisenerze kamen insbesondere im Soonwald vor. Die Dachschiefer-Lagerstätten werden zum Teil bis heute genutzt und die Dörfer mit ihren graublauen Dächern prägen das Landschaftsbild eindrücklich. Heute werden in mehreren Steinbrüchen Quarzite als Rohstoff (beispielsweise für den Straßenbau) abgebaut.

Der Naturraum Moseltal umfasst zunächst die überwiegend aus Gesteinen der Trias und des Jura bestehende Trierer Bucht zwischen der Saarmündung und dem Eintritt der Mosel in das Rheinische Schiefergebirge. Plateaus mit typischer Schichtstufenlandschaft markieren das Zentrum der Trierer Bucht: Je nach Erosionsbeständigkeit der Gesteine entstanden Steilstufen, flache Hänge oder Plateaus. Die Wittlicher Senke bildet die direkte Fortsetzung der Trierer Bucht nach Nordosten. Hier herrschen Gesteine des Rotliegend (Perm ▶ Grafik Seite 25) vor, meist Sand- und Tonsteine. Das tief in das Rheinische Schiefergebirge eingeschnittene Kastental der Mittelmosel mit ihren weit geschwungenen Mäanderbögen ist schließlich der Inbegriff einer deutschen Mittelgebirgs-Flusslandschaft.

## Stichwort
# Fluss-Schlingen

Während die Mosel im Tertiär noch in einem breiten, flachen Trog über Gesteine aus dem Devon floss, wurde sie durch Gelände-hebung im Quartär gezwungen, sich in den Untergrund einzu-schneiden. Unterschiedlich harte Gesteine veranlassten sie dabei öfters zu Richtungsänderungen. Es bildeten sich die typischen Fluss-Schleifen, auch Mäander genannt. Diese Benennung geht auf den türkischen Menderes-Fluss (griechisch: Maiandros) zurück, der bereits im Altertum wegen seines gewundenen Laufs bekannt war. Die Mäanderbildung führte und führt zu steilen Prallhängen einerseits – auf denen schon früh Weinberge in Steillage angelegt wurden, und zu sanften Gleithängen andererseits –, die heute be-vorzugt ebenfalls als Rebflächen genutzt werden. Die Schleifen der Mittelmosel bilden eine eindrucksvolle und in Europa einmalige Flusslandschaft. Auch der Fluss Saar hat sich in Gesteine des Rhei-nischen Schiefergebirges eingefräst. Im unteren Saartal kommen teilweise aber auch Buntsandstein-Ablagerungen vor, die auf dem devonischen Grundgebirge aufliegen. Hier finden sich beeindruckende Felsbildungen ähnlich denen des Pfälzerwaldes.

## Hunsrück – Moseltal

**»** Der **Trierer Dom** ist seit 1986 UNESCO-Welterbe und überwiegend aus verschiedenen Naturwerksteinen der Region erbaut (▶ Foto rechts).

## Calmont mit Moselschleife

*UTM 32365263 5551736*

▶ 3 km ▶ 2h 30min

Das Gebiet um den 380 m hohen Calmont offenbart dem Besucher einen eindrucksvollen Blick auf Gesteine des Devon. Das Grundgebirge besteht hier aus Tonschiefern, Sandsteinen und Quarziten. Gelegentlich finden sich in den feinkörnigen Ablagerungen Fossilien – vor allem muschelähnliche Brachiopoden, Trilobiten und Seelilien. Für den Geologen sind sie wichtige Zeitmarken der Erdgeschichte. Die Moselschleife am Calmont gilt als eine der schönsten Deutschlands. An der Südseite des Calmont lässt sich die beeindruckende Landschaft spektakulär entlang eines teilweise steilen und ausgesetzten Wandersteiges entdecken. Der Klettersteig, der auf drei Kilometer Länge die Orte **Bremm** und **Eller** verbindet, erfordert vom Wanderer Trittsicherheit und Schwindelfreiheit. Zahlreiche Schautafeln am Wegesrand informieren über Geologie, Bodenbildung, Flussgeschichte, Weinbau, Flora und Fauna.

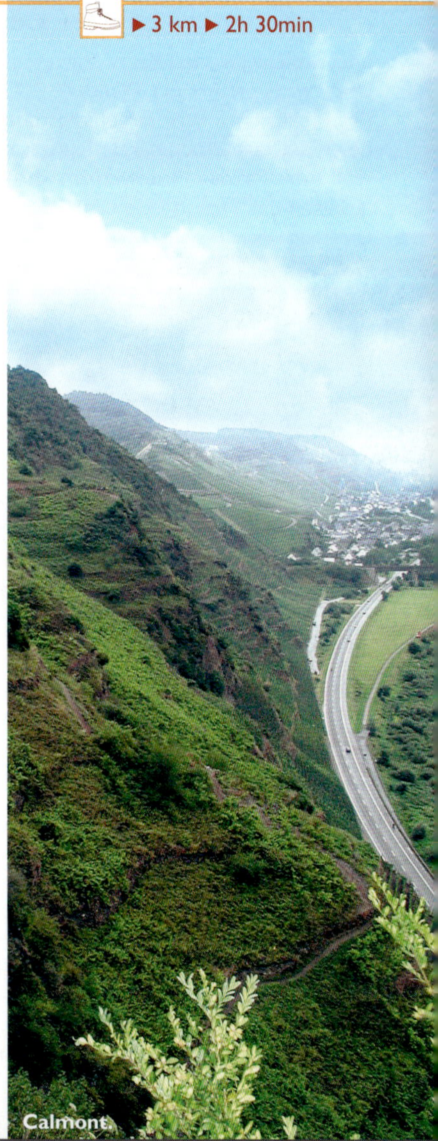

Calmont.

### Infos

■ ***Tourist-Information,***
*Moselstraße 27, 56814 Bremm,*
*✆ 02675/370, @ info@bremm-mosel.de,*
*www.bremm-mosel.de, www.calmontregion.de*

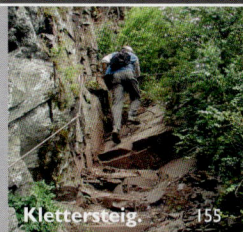

Klettersteig.

## 139 Schieferpfad

UTM 32363415 5539021 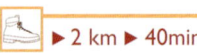 ▶ 2 km ▶ 40min

Der Schieferpfad bei **Kröv** startet an der Bergkapelle an der K 63. Unterwegs erfährt der Wanderer Wissenswertes zur Entstehung des Rheinischen Schiefergebirges und zur landschaftlichen Prägung des Moseltales. Auch die Bedeutung des Schiefers als Naturbaustoff oder für den Moselwinzer werden deutlicht. An vielen Schieferfelsen der Region ist die Entstehung des Rheinischen Schiefer-

Rast am Schieferpfad.

gebirges während der variskischen Gebirgsbildung mit Faltung und Schieferung gut zu erkennen. Der im feuchtwarmen Klima der Tertiär-Zeit tiefgründig verwitterte Schiefer lieferte an der Erdenkaul Ton, der vermutlich schon seit der Keltenzeit bis zum Ersten Weltkrieg hier abgebaut wurde.

## 140 Neuerburger Kopf

UTM 32352712 5540286

Der sich kegelförmig aus dem flachwelligen Umland der Wittlicher Senke heraushebende Berg besteht hauptsächlich aus Sandsteinen des Rotliegend (Perm, ▶ Seite 25), in die basaltähnliche Gesteinsschmelzen eingedrungen sind. Dabei wurde der Sandstein teilweise verkieselt und ist heute gegen Verwitterung resistent. Altersbestimmungen am vulkanischen Gestein haben eine Einstufung in das Erdzeitalter der Kreide ergeben. Damit ist das Vorkommen am Neuerburger Kopf bei **Wittlich** – zusammen mit dem nahe gelegenen Lüxemberg – deutlich älter als die Vulkane der angrenzenden Eifel.

## Hunsrück – Moseltal

■ *Tourist-Information*, Moselweinstraße 35, 54536 Kröv, ☎ 06541/9486, @ info@kroev.de, www.kroev.de
■ *Moseleifel Touristik e. V.*, Neustraße 7, 54516 Wittlich, ☎ 06571/4086, @ Moseleifel@t-online.de, www.moseleifel-touristik.de

## 141 Fünf-Seen-Blick

UTM 32345941 5520720

Vom Aussichtsturm bei **Detzem** bietet sich ein großartiger Blick auf typische Mäander (▶ Seite 152) der Mosel. Immer wieder windet sich der Fluss ins Blickfeld und untergliedert den weiten Horizont aus Weinbergen und Wäldern. Die Mosel scheint hier in fünf Seen aufgelöst zu sein und nicht als durchgehender Fluss zu verlaufen.

## 142 Begehbare Karte von Rheinland-Pfalz

UTM 32332574 5513536     ▶ 6 km ▶ 1h 40min

Die begehbare Karte.

Auf dem ehemaligen Landesgartenschau-Gelände in **Trier** befindet sich ein besonderer geologischer Höhepunkt: Im Sattelpark, nur wenige Meter vom Turm Luxemburg entfernt, wurde auf einer Fläche von rund 540 Quadratmetern eine begehbare geologische Karte von Rheinland-Pfalz erstellt, die aus den Original-Gesteinen zusammengesetzt ist. Sie stellen vereinfacht, aber maßstabsgerecht die geologischen Einheiten des Landes dar. Hier gibt es Geologie buchstäblich zum Anfassen. Auf Schautafeln wird über die Karte sowie über Alter und Verwendung der Gesteine informiert. Ebenfalls im Sattelpark beginnt der *Naturerlebnispfad Petrisberg*. Der Rundweg erschließt verschiedene Aspekte der naturnahen und kulturbeeinflussten Umwelt. Info-Tafeln und interaktive Stationen sind dabei verschiedenen Themen gewidmet, darunter Geologie, Bodenbildung, Wasserkreisläufe und Landschaftsgeschichte.

Und noch ein Extra-Tipp: Sehenswert ist auch der *Rohstoffgarten* der Universität Trier zwischen Campus I und Campus II. Der Weg der Monolithe, geht auf eine Idee der Künstler Anna

## Infos

■ *Naturerlebnispfad,*
@ www.naturerlebnispfad-
petrisberg.uni-trier.de,
www.geologie-trier.de

Garten der Regionen.

Maria Kubach-Wilmsen und Wolfgang Kubach zurück. Er beginnt nahe den Studentenwohnheimen und präsentiert über 20 Gesteinsarten in einer Art Landschaftsgarten.

## 143 Geologisch-naturkundlicher Lehrpfad

UTM 32324954 5499771 ▶ 8 km ▶ 2h 30min

Der Rundweg in **Ockfen** informiert an sechs Stationen über geologische Aspekte sowie ökologische und kulturlandschaftliche Zusammenhänge im unteren Saartal. Themen wie die Gebirgsbildung, Abtragung oder Flussentwicklung und -geschichte werden anschaulich dargestellt. Startpunkt der acht Kilometer langen Strecke ist die Schiffsanlegestelle Ockfen.

## 144 Felsenpfad Kastel-Staadt

UTM 32324102 5493348  ▶ 11 km ▶ 3h

Die Klause.

Der *Felsenpfad* gehört zu den schönsten Rundwanderwegen entlang faszinierender Felslandschaften aus Buntsandstein (Trias) im unteren Saartal. Vom Parkplatz vor der Klause in **Kastel-Staadt** folgt man den Wegweisern „Felsenwanderweg" und „Altfels". Vom Fuße des Altfels erstürmt man auf in Sandstein gehauenen Stufen und entlang eines Halteseils den Gipfel. Danach führt der Pfad im Bogen durchs Tal zurück und hinauf zum Startpunkt. Wer eine längere Wegstrecke wandern will, startet am Parkplatz, hält sich dann aber zunächst in Richtung Staadt. Im Tal rechts abbiegend gelangt man über einen Waldweg auf den Felsenpfad. Durch den Wald, am pittoresken Neufels vorbei und in weitem Bogen unterhalb der Klause geht es dann bergab zurück. Der *Archäologische Erlebnispfad* (2,5 km, 50min, 14 Stationen) beginnt ebenfalls in **Kastel-Staadt** am Parkplatz vor der Klause und führt über das Plateau. Info-Tafeln informieren über Geologie, Archäologie, Geschichte sowie Flora und Fauna am Wegesrand.

# Hunsrück – Moseltal

Felsenpfad.

■ *Tourist-Information Saarburg*, *Graf-Siegfried-Straße 32, 54439 Saarburg*, 📞 *06581/995980*, ✉ *info-saarburg@saar-obermosel.de*, *www.saar-obermosel.de, www.ockfen.de*

400 Millionen Jahre alte Seelilien.

# Holz, Erz & Schiefer

Der Hunsrück besitzt mit dem 818 m hohen Erbeskopf die höchste Erhebung von Rheinland-Pfalz. Sein Hauptkamm zeichnet den Verlauf der harten, widerstandsfähigen Quarzitzüge nach. Ausgehend von dieser Wasserscheide haben sich nach Südosten und Nordwesten zahlreiche Bäche tief in das Gebirge eingeschnitten, so dass wir heute eine typische Mittelgebirgslandschaft vorfinden. Bedingt durch die natürlichen Grundlagen war in der Vergangenheit die wirtschaftliche Nutzung auf wenige Schwerpunkte konzentriert. Eine wichtige Rolle kam dabei der Holzwirtschaft zu, wobei – neben der üblichen Nutzung – Holz in großen Mengen für die Weiterverarbeitung der in der Region gewonnenen Erze gebraucht wurde: Holzkohle war der wichtigste Energieträger für die Erzverhüttung. Die Bäche erlaubten eine intensive Nutzung der Wasserkraft, welche die zahlreichen Hunsrücker Eisenhämmer und die Edelsteinschleifen des Idarwaldes antrieb. Dachschiefer sowie Eisen- und Metallerze waren die bedeutensten mineralischen Rohstoffe. Heute ist nur noch ein Schieferbergwerk in Betrieb und lokal werden noch Quarzite abgebaut.

Infos

Schiefer mit Quarzgängen.

## 145 Besucherbergwerk Fell

UTM 32341351 5513721

► 7 km ► 2h

Das **Besucherbergwerk** Fell im Nosserntal zwischen **Fell** und **Thomm** besteht aus den beiden übereinander liegenden, durch einen 100 m langen Treppenschacht miteinander verbundenen Gruben „Barbara" und „Hoffnung". Hier wurde von 1850 bis in die zweite Hälfte des 20. Jahrhunderts devonischer Tonschiefer als Dachschiefer gewonnen. In den ausgedehnten unterirdischen Stollen kann der Besucher die Geschichte und Technik des Schieferbergbaus an Hand von Förderstrecken, imposanten Abbaukammern, Rollschächten und mächtigen Bergemauern (aus Abraummaterial) kennen lernen. Im **Bergwerksmuseum** unmittelbar neben dem Grubeneingang sind Loren und andere historische Geräte aus dem

Schieferbergbau ausgestellt. Videodokumentationen informieren über die Schiefergewinnung und -verarbeitung. Der im Ort Fell in der Bachstraße (Parkplatz) beginnende **Grubenwanderweg** mit 20 Stationen führt zu den Relikten des DachschieferBergbaus im landschaftlich reizvollen Nosserntal.

**Schieferbergwerk.**

## 146 Erlebnismuseum

UTM 32351536 5502458

Das Erlebnismuseum Mensch und Landschaft in **Hermeskeil** ist Teil des Naturpark-Informationszentrums im Naturpark Saar-Hunsrück. In einem multimedialen, interaktiven Streifzug erfährt der Besucher Interessantes über diese Erlebnisregion: Auf einer Zeitreise begibt er sich zu den Anfängen der Entstehung der Erde bis zum heutigen aktiv die Landschaft gestaltenden Menschen. Ein Schwerpunkt der Ausstellung bildet die Vielfalt an Landschaftsformen unserer Breiten: vom Aussehen einer noch vom Menschen unbeeinflussten Naturlandschaft bis zur von Technik durch-

# Hunsrück – Moseltal

■ **Besucherbergwerk Fell,** Kirchenstr. 43, 54341 Fell, ☎ 06502/988588, (Mitte März – Nov.) 06502/994019 (Dez. – Mitte März), @ bergwerk-fell@t-online.de, www.besucherbergwerk-fell.de, ☉ April – 1. Nov.: tägl. 10 – 17 Uhr, Nov.: Mi, Sa, So 13.30 und 15 Uhr, Gruppen (ab 15 Pers.) jederzeit nach Voranmeldung (außer im Winter).
■ **Naturpark-Informationszentrum,** Trierer Straße 51, 54411 Hermeskeil, ☎ 06503/92140

drungenen Kulturlandschaft. Weitere Informationszentren des Naturparks auf rheinland-pfälzischem Gebiet sind das Hunsrückhaus am Erbeskopf (▶Tipp 149) und das Informationszentrum an der Wildenburg in Kempfeld (▶ Tipp 152).

Erlebnismuseum.

## 147 Mineralwasser Erlebnispfad

UTM 32355237 5514239    ▶ 4,5/7,5 km ▶ 1h 15min – 2h

Auf einem Rundweg dem Wasser auf der Spur: An zehn oder 13 Stationen – je nach Routenwahl und -länge – verfolgt der Wanderer den Weg des Wassers aus der Tiefe des Gesteinsuntergrundes bis zur Quelle. Startpunkt für beide Strecken ist der Info-Pavillon am Haardtwald-Parkplatz in **Thalfang**. Ziel und Mittelpunkt dieses erlebnisreichen Weges ist der Haardtwald-Brunnen. Auch der eindrucksvolle Felsriegel des Berger Wackens kann dabei erkundet werden.

## 148 Moorlehrpfad

UTM 32365931 5517879     ▶ 0,5 km ▶ 30min

Der Weg durch das Ortelsbruch ist der erste auf Holzstegen begehbare Moorlehrpfad im Naturpark Saar-Hunsrück. Typisch für die Nordwest-Hänge des Hunsrücks sind Hangmoore oder Hangbrüche – einzigartige Rückzugsgebiete seltener Pflanzen und Tiere. Diese Moore werden von Quellwasser aus dem Idarwald gespeist. Sie entstanden durch Staunässe, die sich in Senken sammelt. Dort

Geologie Schautafeln.

verhindern tonige Sedimente ein Versickern des Wassers. Im Ortelsbruch bei **Morbach** wachsen seltene Torfmoose, verschiedene Seggen- und Binsenarten, Moosbeeren, Sonnentau und der Königsfarn. Charakteristisch für die Torfmoose ist, dass sie an der Oberfläche weiter wachsen, während die unteren, älteren Teile absterben und vertorfen.

## Infos

@ info@naturpark.org, www.naturpark.org, ☉ *Erlebnismuseum:* April – Okt: Di – Fr 14 – 17 Uhr, *Informationszentrum:* Mo – Fr 9 – 12, Do 14 – 16 Uhr, April – Okt, auch Di – Fr 14 – 17 Uhr, Schulklassen und Gruppen nach Voranmeldung ganzjährig.

■ *Verkehrsamt,* Unterer Markt 1, 54497 Morbach, ☏ 06533/71117, @ touristinfo@morbach.de, www.morbach.de

## 149 Hunsrückhaus am Erbeskopf

UTM 32361982 5511079

Das *Hunsrückhaus* liegt als Natur- und Umweltbildungsstätte am Fuß des 818 m hohen Erbeskopfes in **Deuselbach**. Zu den Highlights gehören eine interaktive Präsentation zum Thema Natur-Umwelt-Freizeit im Hunsrück, ein Erlebnisgelände mit Sinnes-Erfahrungsweg sowie ein Klima-Messgarten und ein Umweltlabor zur Luft-Datenerfassung. In der Ausstellung lernt der Besucher die vernetzten Wechselwirkungen in der Natur kennen. Vom *Aussichtsturm* auf dem Erbeskopf hat der Wanderer schöne Ausblicke über die ausgedehnten Wälder des Hunsrücks. Auf den beiden Strecken des Gipfelsteiges ab dem Hunsrückhaus erwartet den Wanderer eine Fülle an Informationen zu Vergangenheit und Gegenwart sowie der Natur des Erbeskopfes. Bei schönem Wetter wird man mit einem herrlichen Ausblick belohnt.

**Das Hunsrückhaus.**

## 150 Naturpfad Idarbach

UTM 32367718 5512805

 ▶ 9,7 km ▶ 3h 15min

Der Rundweg mit 14 Stationen nordöstlich **Allenbach** erschließt die geologischen Besonderheiten sowie Flora und Fauna entlang des Oberlaufes des Idarbaches und der angrenzenden Wälder des Hunsrücks. Der Weg verbindet den Allenbacher Weiher mit

## Hunsrück – Moseltal

■ *Hunsrückhaus*, Am Erbeskopf, 54411 Deuselbach, ☎ 06504/778, @ hunsrueckhaus@t-online.de, www.hunsrueckhaus.de, ⊙ Di – So 10 – 17 Uhr. (▶ Fotos rechts).

**Wanderpfad am Erbeskopf.**

*Erklärungen auf dem Naturlehrpfad.*

dem Geopark Krahloch in Sensweiler (▶ Tipp 151), dem Sirona-Weg und dem keltischen Ringwall am Ringkopf. Geologisch interessant sind die Stationen zum Hunsrückschiefer und den landschaftsprägenden Quarzitrücken. Auch das Thema Kupferschmelzen in Allenbach – mit der Unteren- und Oberen Kupferhütte sowie die Wasserschleifen am Idarbach (Rudy-Schleife) und ihre Bedeutung für die Edelsteinverarbeitung werden anschaulich dargestellt. Einstiegspunkte in den 9,7 km langen Rundweg finden sich am Allenbacher Weiher, am Allenbacher Sportplatz oder am Geo-Park Krahloch.

## 151 Geo-Park Krahloch

UTM 32370066 5514480  ▶ I km ▶ 30min

Der **Geo-Park** in **Sensweiler** liegt in landschaftlich schöner Lage in einem Seitental des Idarbachs an der Grenze zur Nachbargemeinde Wirschweiler. Auf dem ein Kilometer langen **Rundweg** mit 14 Stationen (Startpunkt am Parkplatz etwa 300 m südlich von Sensweiler) erfährt der Besucher Wissenswertes über Geologie, Gesteine und Bergbau der Region, aber auch über den Naturraum. Eine aufgelassene Dachschiefergrube gibt den Blick frei ins Innere des Bergwerks. Der Geo-Park verfügt auch über einen integrierten Spielplatz und ist besonders für Eltern mit Kindern sowie Schulklassen und Kindergartengruppen ein beliebtes Naherholungsziel.

*Geopark.*

Infos

## 152 Edelsteingarten und Wildenburg

UTM 32373593 5516637

Wildenburg.

Der *Edelsteingarten* im Ort **Kempfeld** ist ein großer Landschaftsgarten mit über 100 frei zugänglichen Edelstein-Rohlingen auf Pfosten mit Info-Tafeln. Das Herzstück der Anlage bilden 12 Edelsteine, die nach biblischer Überlieferung (Offenbarung 21, 19 – 21) das Fundament des neuen Jerusalem darstellen. Der Info-Pavillon des Naturparks Saar-Hunsrück am Eingang zum Wildfreigehege der *Wildenburg* (1328 von Wildgraf Friedrich von Kyrburg erbaut) informiert über Geologie, Landschaftsgeschichte und Naturschutz. Auch die Geschichte der Wildenburg und der Naturpark selbst werden erläutert. In einer Dauerausstellung sind geologische und paläontologische Exponate aus der Naturparkregion zu sehen, darunter auch die Fossiliensammlung des Forschers Rudolf Opitz. Rund um die Wildenburg bieten sich schöne Wanderungen an. So verlaufen hier der Sironaweg oder der Archäologisch-Historische Rundweg Wildenburg.

## 153 Erlebniswelt „Wald und Natur"

UTM 32387052 5517889

In der Erlebniswelt auf Schloss Wartenstein bei **Kirn** an der Nahe stehen die Natur des Lützelsoon (südwestlicher Hunsrück) und der darin wirkende Mensch im Mittelpunkt. Farbenprächtige Großillustrationen sowie Gesteine und Fossilien geben dem Besucher einen Eindruck von der geologischen Geschichte der Region. Einblicke in die naturräumliche Gliederung bieten ein großformatiges Landschaftsmodell sowie digitale Fotoimpressionen. Das Schwerpunktthema Niederwald im ehemaligen Stall und Kavaliershaus zeigt

# Hunsrück – Moseltal

■ *Förderverein Hunsrück Schiefer- und Burgenstraße e.V.,*
*Bahnhofstraße 31, 55606 Kirn, ✆ 06752/13831,*
*✉ info@hunsrueck-naheland.de, www.hunsrueck-naheland.de.*

die Waldwirtschaft zur Gewinnung von Lohrinde, die zum Gerben von Leder verwendet wurde. Ein Info-Modul stellt die touristischen Angebote im Naturpark Soonwald-Nahe vor.

## 154 Schiefergrube Herrenberg

UTM 32384201 5523081

Die als *Besucherbergwerk* ausgebaute ehemalige Dachschiefergrube Herrenberg bei **Bundenbach** vermittelt Einblicke in den Schieferbergbau vergangener Jahrhunderte. Graublauer Tonschiefer des Devon wurde hier bis 1964 abgebaut. Von Hand aufgefahrene Stollen zeugen vom Abbau seit römischer Zeit. Zahlreiche, teilweise terrassenartig übereinander liegende Abbauhohlräume und Stollen können besichtigt werden. Quarzadern und goldfarben glänzende Kristalle von Pyrit (Schwefelkies, ein Eisensulfid) im

Besucherbergwerk.

Schiefer sind ebenso zu bestaunen wie die aus Abscheidungen der mineralreichen Wässer entstandenen Tropfsteine. Die Grube ist durch ihre Fossilfunde weltbekannt (vor allem Muscheln, Schnecken, Schlangensterne, Seelilien und Krebse), von denen zahlreiche beeindruckende Exemplare im *Hunsrück-Fossilienmuseum* neben der Grube zu bewundern sind. Für Asthmakranke gibt es hier auch einen Therapiestollen.

## 155 Schinderhannes-Radweg

UTM 32396851 5556956

 ▶ 38 km

Der Radweg verläuft entlang der ehemaligen Eisenbahntrasse zwischen **Emmelshausen** – **Pfalzfeld** – **Kastellaun** – **Bell** – **Neuerkirch** und **Simmern** im Hunsrück. An zwölf am Radweg liegenden, landschaftlich und kulturgeschichtlich bedeutungsvollen Plätzen beleuchten Thementafeln erdgeschichtliche und menschliche Spuren längst vergangener Landschafts- und Lebensräume.

# Infos

Fossilienmuseum Bundenbach.

■ *Schiefergrube Herrenberg und Fossilienmuseum,*
Grube Herrenberg, 55626 Bundenbach,
☏ 06544/9272, @ www.bundenbach.de,
☉ April – Oktober täglich 10 – 17 Uhr.

Die weiten Ausblicke vom Radweg lassen erahnen, welche Kräfte diese Landschaft formten und welchen Anteil die Eiszeit als letzte landschaftsformende Ära daran hatte. Der Schinderhannes-Radweg ist Teil des Nahe–Hunsrück–Mosel-Radweges. Weitere Radwander-Verbindungen bestehen in Emmelshausen nach Burgen/Mosel über den Schinderhannes-Untermosel-Radweg, bei Pfalzfeld nach Oberwesel/Rhein, bei Kastellaun nach Treis-Karden/Mosel und von Simmern über den Radweg Nahe–Hunsrück–Mosel zur Nahe.

### 156 Hunsrück-Museum

UTM 32393978 5537783

Das *Museum* in **Simmern** vermittelt dem Besucher einen Überblick zur Geologie des Hunsrücks und die Fossilien des devonischen Meeres. Weitere Themen sind die Natur- und Kulturlandschaft, die Vor- , Früh- sowie Stadt- und Regionalgeschichte. Besonders erwähnt seien die Herzöge von Pfalz-Simmern, der

Fossilien im Hunsrück Museum.

Schmuck aus der Fürstengruft und der Hunsrück im Film (E. Reitz: „Heimat"). Im *Schinderhannesturm* befindet sich eine Ausstellung zu Johannes Bückler, genannt Schinderhannes (\*1783 in Miehlen, †1803 in Mainz), dem Anführer einer Räuberbande, die im Hunsrück ihr Unwesen trieb.

### 157 Geo-Erlebnis-Weg

UTM 32399186 5534936  ▶ 5,5 km ▶ 1h 30min

Der **Argenthaler Waldsee**, ein beliebter Badesee, ist Ausgangs- und Endpunkt des Geo-Erlebnisweges. Dieser rekultivierte Tagebau der ehemaligen Eisenerzgrube Neufund veranschaulicht deutlich die landschaftlichen, aber auch wirtschaftlichen und sozialen Veränderungen durch den historischen Bergbau. Beginnend mit dem Erzbergbau erläutern Infotafeln entlang des Rundweges die erdgeschichtliche Entwicklung des Naheberglandes und des

## Hunsrück – Moseltal

■ *Tourist Information,* Zentrum am Park, Rhein-Mosel-Str. 45, *56281 Emmelshausen,* ✆ 06747/93220, @ info@das-zap.de, www.rhein-mosel-dreieck.de.
■ *Hunsrück-Museum,* Schlossplatz, 55469 Simmern, ✆ 06761/7009, @ info@hunsrueck-museum.de, www.hunsrueck-museum.de, ◷ Di – Fr 15 – 17, Sa + So 14 – 17 Uhr, Feiertage geschlossen.

Erzgrube Neufund in alter Zeit.

Hunsrück. Das geologische Fenster des aktuellen Quarzittagebaus Argenthal erlaubt Einblicke in die Gebirgsarchitektur des Soonwaldes und in die Entstehungsweise und Nutzung des Rohstoffes Quarzit. Die bereits antike Verwendung des Quarzits als Straßenbaumaterial wird anhand des Straßenpflasters einer bedeutenden römischen Fernstraße (Via Ausonia) im Argenthaler Wald dargestellt. Infotafeln zum Lebensraum Wald runden die Themenpalette ab. Für die jüngeren Gäste sind fünf Spielflächen vorhanden, die zum Klettern, Spielen und Steine sammeln einladen.

## 158 Schiefergrubenweg Lütz

UTM 32382778 5557738  ▶ 7 km ▶ 2,h 20min

Der am nördlichen Ortseingang von **Lütz** beginnende Wanderweg führt entlang zahlreicher Schieferstollen und Halden in die Welt der Dachschiefergewinnung von Lütz und zu den Besonderheiten der Natur in der Umgebung. Der untertägige Dachschieferabbau begann hier Mitte des 19. Jahrhunderts und erreichte zwischen 1900 und 1910 seinen Höhepunkt. In Lütz gab es insgesamt 11 Gruben mit 19 Stollen sowie fünf Versuchsstollen. Erst 1953 schloss die Grube Herrnfeld/Westfalia. Das Bergwerk Mosella besaß mit insgesamt rund 600 m das längste Stollensystem, die Abbaukammern waren bis zu 30 m hoch. Der landschaftlich reizvolle Schiefergrubenweg mit 14 Stationen ist zugleich Bestandteil der Mosel-Erlebnis-Route.

Blick vom Schiefergrubenweg.

## Infos

■ *Tourist-Info,* Brühlstraße 2, 55469 Simmern, ☏ 06761/837106, @ tourist-info@vgvsim.de, www.simmern.de.
■ *Gemeinde Argenthal,* Thiergartenstr. 2, 55496 Argenthal, ☏ 06761/965966, @ www.argenthal.de.
■ *Tourist Information,* Hauptstraße 27, 56253 Treis-Karden, ☏ 02672/6137, @ www.treis-karden.de.

# 21 Schätze des Landes

- ▶ 11 Wanderungen
- ▶ 4 Museen
- ▶ 2 Bergwerke
- ▶ 5 Naturdenkmäler
- ▶ 1 Autotour
- ▶ 1 Fahrradtour

## INFOS

■ **Moseltalandtouristik GmbH**
*Kordelweg 1*
*54479 Bernkastel-Kues*
☏ *06531/9733-0*
🖶 *06531/9733-33*
📧 *info@moselландtouristik.de*
*www.moselландtouristik.de*

■ **Hunsrück-Touristik GmbH**
*Hunsrückhaus*
*54411 Deuselbach*
☏ *06504/95046-0*
🖶 *06504/9504-31*
📧 *info@hunsruecktouristik.de*
*www.hunsruecktouristik.de*

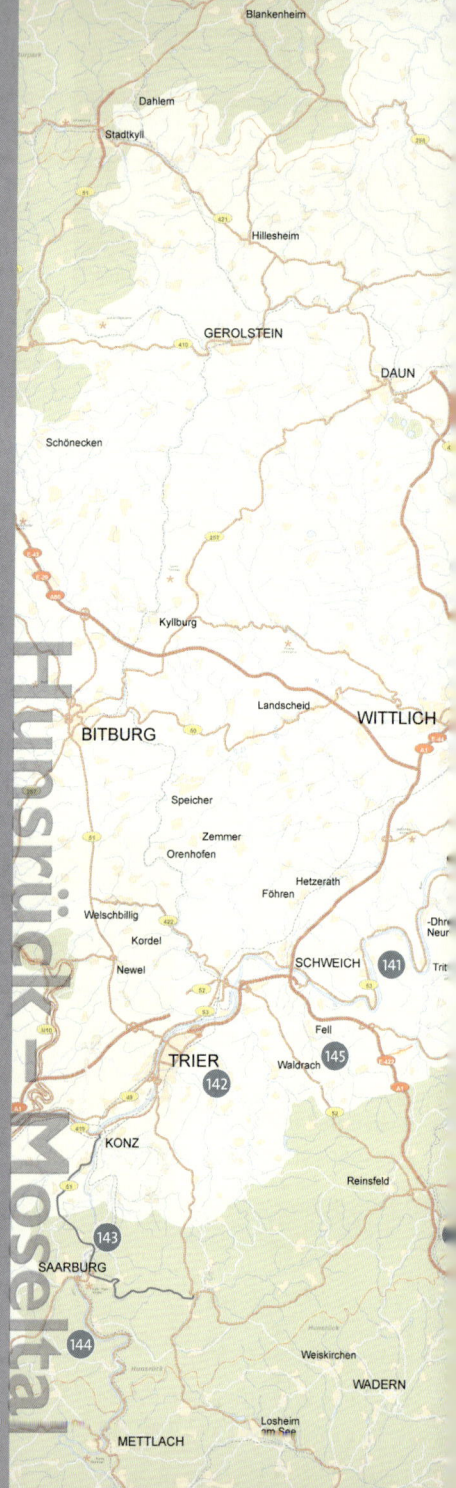

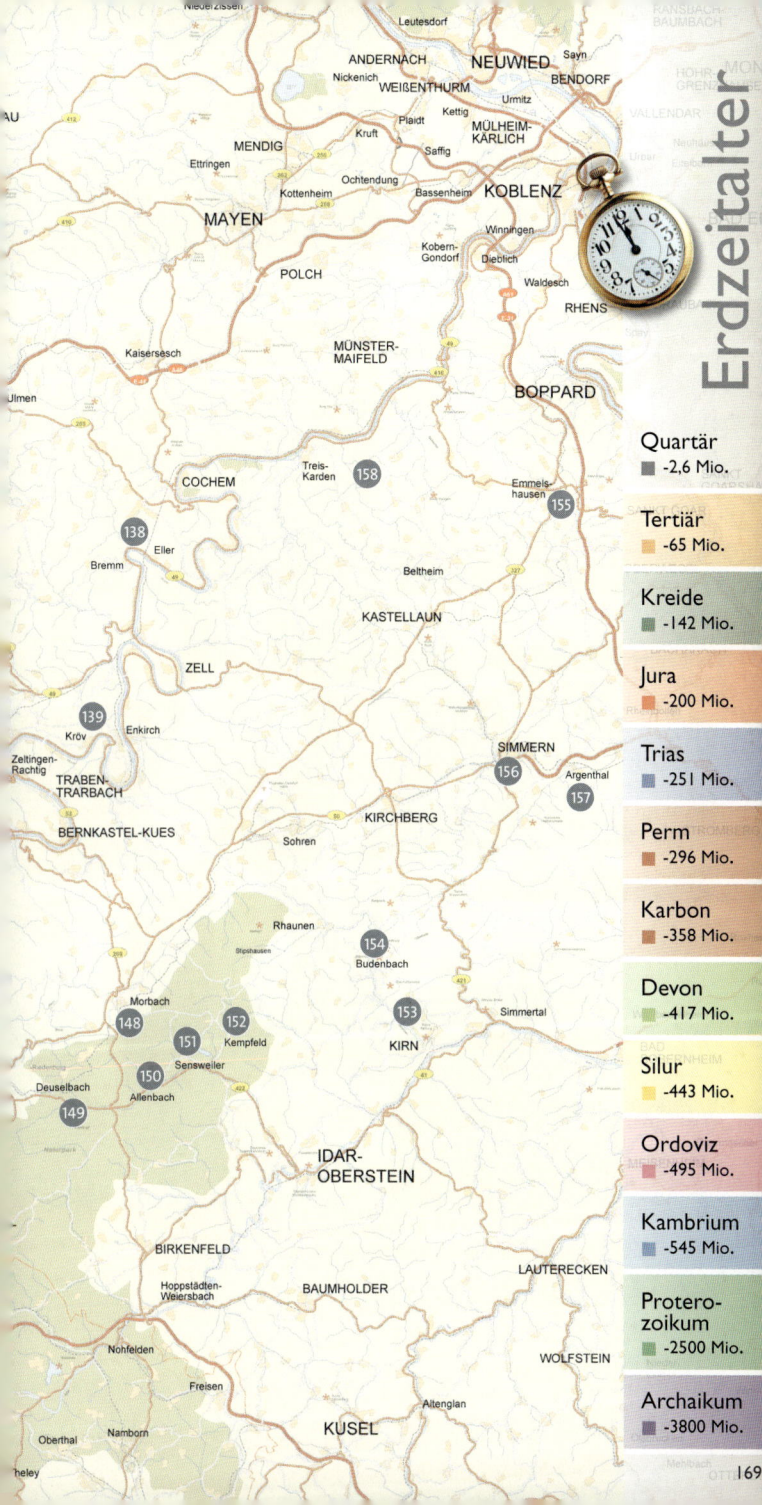

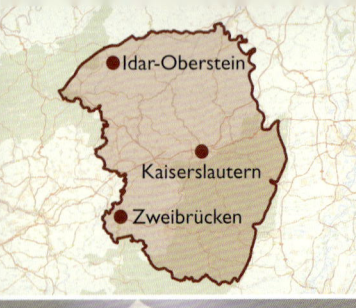

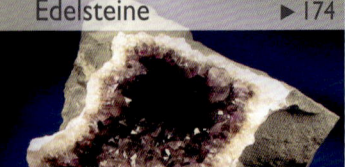

Edelsteine ▶ 174

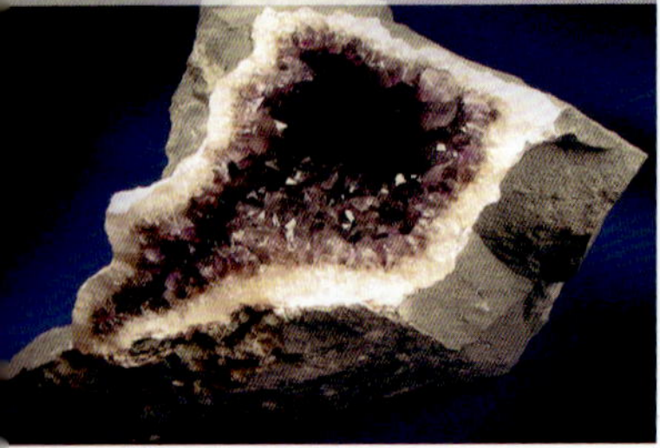

Fossilien ▶ 191

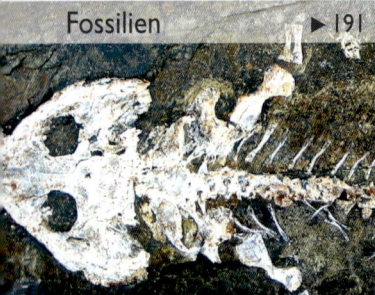

Felsenland ▶ 197

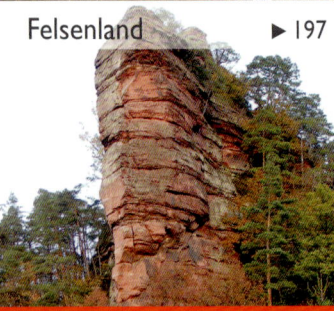

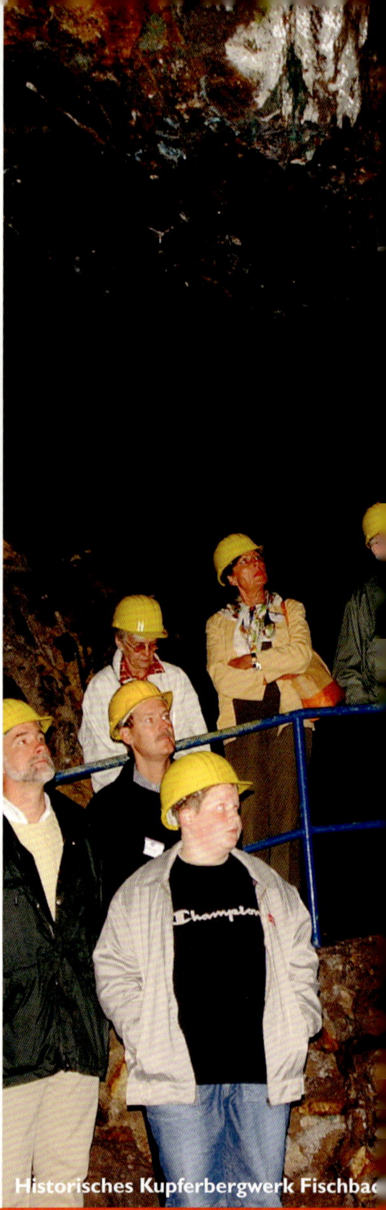

Historisches Kupferbergwerk Fischbac

# Saar – Nahe – Pfalz

## 45 Schätze des Landes entdecken

- ▶ 17 Wanderungen
- ▶ 15 Naturdenkmäler
- ▶ 15 Museen
- ▶ 7 Bergwerke
- ▶ 3 Autotouren
- ▶ 1 Industriedenkmal

Glitzernde

# Kristalle

# &

gigantische

# Kletterfelsen

Funkelnde Kristalle, flüssiges Metall, weiße Haie, Saurier und mächtige Felsen: Die Region Saar-Nahe-Pfalz ist geologisch so vielfältig wie kaum eine andere in Deutschland. Spannend und lehrreich zugleich ist eine Reise auf den Spuren der Idar-Obersteiner Edelsteine, zur höchsten Steilwand nördlich der Alpen und zu einem Tisch aus Stein.

Das Nordpfälzer Bergland.

Die Saar-Nahe-Pfalz-Region ist landschaftlich und geologisch facettenreich. Sie wird im Norden vom Hunsrück, im Osten vom Rheinhessischen Hügelland und der Oberrheinebene sowie im Süden und Westen von Elsass und Saarland begrenzt. Geologisch wird die Region in zwei Großeinheiten unterteilt: Das Saar-Nahe-Becken im Nordwesten ist tektonisch durch die Hunsrück-Südrandstörung vom Rheinischen Schiefergebirge getrennt, die Pfälzer Mulde im Südosten grenzt mit der Rheingrabenrandstörung im Osten an den Oberrheingraben.

Landschaftlich gliedert sich der Nordwesten in das Obere Nahebergland und das Nordpfälzer Bergland. Das Berg- und Hügelland des Nordpfälzer Berglandes überragen bewaldete vulkanische Kuppen und Rücken. Im Südosten markiert der Donnersberg mit 687 m den höchsten Punkt. Neben den vulkanischen Gesteinen ist die Region durch Sedimentgesteine des Rotliegend (vor 296 bis 251 Millionen Jahren) geprägt. Sie entstanden im Saar-Nahe-Becken, einer weit gespannten Senke, die sich nach der variskischen Gebirgsbildung während des späten Karbon und des frühen Perm bildete. In ausgedehnten Seen, weit verzweigten Flüssen und mächtigen Flussdeltas wurden Ton-, Kalk- und Sandsteine sowie Konglomerate (*Trümmergesteine aus gerundeten, groben Komponenten*) abgelagert. Aus dem Erdinneren gelangten glutflüssige Gesteinsschmelzen nach oben. Teilweise blieben sie in der Erdkruste stecken und erkalteten zu Lagergängen, teilweise floss aber auch flächenhaft Lava aus. Zähflüssige Magmen drangen knapp unter die Oberfläche in die Gesteinsschichten ein und bildeten so genannte Dome wie den Donnersberg und das Kreuznacher Rhyolithmassiv. Zahlreiche Vulkanschlote schleuderten vulkanische Asche aus. Schließlich ließ die vulkanische Tätigkeit nach. Es bildeten sich flache Seen, die das Niederschlagswasser der umliegenden Gebirge aufnahmen und im heißen Klima rasch austrockneten.

# Geologie & Landschaft

## SAAR, NAHE UND PFALZ

Zurück blieben feinkörnige, rote Sedimente und Salzkrusten. In der darauf folgenden Zeit des Zechstein wurden in der Pfalz überwiegend Sandsteine von Fluss-Systemen abgelagert. Es handelt sich um Sedimente aus dem Randbereich des Zechstein-Meeres.

Die sich im Süden anschließende Hochfläche des Pfälzerwaldes besteht überwiegend aus Gesteinen der Trias wie Buntsandstein und Muschelkalk. Sie wird durch die langgestreckte Senke des Landstuhler Bruchs vom Nordpfälzer Bergland getrennt. Der rötliche Sandstein und die daraus durch Erosion geschaffenen Felsgebilde prägen hier das Landschaftsbild. In der Ära des Buntsandstein lagerten sich die Sedimente zunächst unter wüstenhaften Bedingungen ab. Dabei wirkten sowohl der Wind, als auch zeitweise wasserführende Flüsse als Transportmittel.

Während des Buntsandstein veränderte sich das Klima: es wurde feuchter und die Flüsse dominierten den Sedimentationsprozess bald völlig. In der letzten Phase hatten sich sogar stark verflochtene Fluss-Systeme gebildet, die sehr große Sedimenmassen transportierten.

Der Zweibrücker Westrich im Westen des Pfälzerwaldes ist eine hügelige Hochfläche. Kalkige Schichten, gebildet im Randbereich des Muschelkalkmeeres, bedingen eine wellige Landschaftsform, die von weiten Tälern zerfurcht wird.

Wie überall in Rheinland-Pfalz erfolgte die Ausformung der heutigen Landschaft ab dem Eiszeitalter (Pleistozän).

Amethyst.

Vor etwa 285 Millionen Jahren bedeckten Vulkane das Land an der Oberen Nahe mit glühender Lava. Die Gesteinsschmelze enthielt vulkanische Gase, die sich wie in einem zähen Teig in Blasen in den Lavaströmen sammelten und beim Erstarren wie in einem Schweizer Käse eingeschlossen wurden. Im weiteren Verlauf der Erdgeschichte zirkulierten wässrige Lösungen durch die Gesteine. Sie führten Kieselsäure mit sich, die in den Blasen und Spalten als violetter Amethyst, klarer Bergkristall, dunkler Rauchquarz und vielfarbig gebänderter und gemaserter Achat und Jaspis auskristallisierte. So entstand die natürliche Grundlage für die Edelsteinindustrie in Idar-Oberstein und Umgebung.

Die vulkanischen Gesteine bargen aber auch Kupfererzvorkommen. Bereits im Jahre 1544 beschrieb Sebastian Münster (1489–1552), der große Kosmograph, in seiner berühmten Cosmographia, der ersten deutschen Länderkunde, das Kupferbergwerk von Fischbach/Nahe und rühmte die ausgezeichnete Qualität des Kupfers. In der Grube wurde später das erste Besucherbergwerk des Landes Rheinland-Pfalz eröffnet.

## Saar – Nahe – Pfalz

See im Berg.

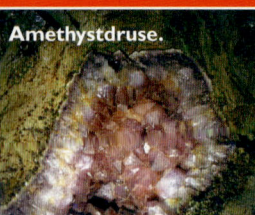
Amethystdruse.

Edelsteincamp.

## 159 Edelsteinmine im Steinkaulenberg

UTM 32375697 5509420

Das Besucherbergwerk im Steinkaulenberg in **Idar-Oberstein** ist die einzige zugängliche Edelsteinmine Europas. Der Steinkaulenberg besteht aus einer feinkörnigen basaltähnlichen Lava (Andesit) aus dem Perm, in der die Schmucksteine vorkommen. Im von Scheinwerfern angestrahlten Besucherstollen glitzern einmalig schöne Achate und Bergkristalle, Amethyste, Rauchquarze – und man fühlt sich wie in einer anderen Welt. Wer möchte, kann als Schatzsucher im Edelsteincamp Glücksritter spielen. Mit etwas Glück findet der „antike" Edelsteingräber (nur mit Hacke und Schaufel bestückt) die Glanzstücke des Steinkaulenberges – Achat, Jaspis, Amethyst, Rauchquarz und Bergkristall.

## 160 Historische Weiherschleife

UTM 32376495 5510040

Die Schmucksteinvorkommen im Saar-Nahe-Bergland wurden erstmals im 14. Jahrhundert urkundlich erwähnt. Ein erster ausführlicher Bericht über die Achatgräberei am Galgenberg bei Idar (Steinkaulenberg) stammt von dem italienischen Naturforscher Collini anlässlich einer Forschungsreise in das Nahegebiet im Jahre 1774. Nach wechselvoller Geschichte wurde 1875 der Abbau eingestellt. Gegen die in großen Mengen importierte südamerikanische Rohware konnte der Achatbergbau nicht mehr konkurrieren. Handel und Verarbeitung der Schmucksteine setzten sich jedoch fort. Der Schlüssel dazu war die Wasserkraft.

Seit dem 15. Jahrhundert wurden die Rohsteine in den Schleifmühlen verarbeitet. In der Blütezeit waren insgesamt 183 Schleifen an Idarbach, Nahe und anderen Bachläufen um Idar-Oberstein in Betrieb, davon allein 56 Schleifen am Idarbach selbst. Der Niedergang kam im ersten Drittel des 20. Jahrhunderts. Nacheinander wurden die Bachschleifen stillgelegt, zerfielen und waren schon nach kurzer Zeit aus dem Landschaftsbild verschwunden. Die Kallwies-

Die Weiherschleife.

## Infos

■ **Edelsteinminen im Steinkaulenberg,**
55743 Idar-Oberstein, ☎ 06781/47400,
@ edelsteinminen-idar-oberstein@t-online.de, www.edelsteinminen-idar-oberstein.de,
⏱ 15. März – 15. November, **Besucherbergwerk:** täglich 9 – 17 Uhr,
**Edelsteincamp:** Mo – Fr 9 – 12 und/oder 13 – 16 Uhr,
**Schürffeld:** Mo – Fr 9 – 11 und/oder 12 – 14 oder 15 – 17 Uhr,
Edelsteincamp, Schürffeld und Gruppen (ab 20 Pers.) nach Voranmeldung.

weiherschleife – heute Historische Weiherschleife – blieb bis 1945 in Betrieb. Auch ihr drohte der Verfall, sie wurde jedoch restauriert, renoviert und teilweise erneuert. Heute kann sie als die letzterhaltene wassergetriebene Achatschleifmühle am Idarbach in **Idar-Oberstein** besichtigt werden. Besuchern werden anschaulich die vier einzelnen Arbeitsgänge der ehemaligen Bachschleifer demonstriert: 1. das Sägen der Steine, 2. das Ebouchieren *(formen, höhlen und gestalten der Steine)*, 3. das Schleifen – dabei liegen die Schleifer bäuchlings auf sogenannten Kippstühlen und 4. das Schmirgeln und Polieren. Eine Multimedia-Schau informiert über das Geheimnis der Edelsteine und in einem Mineralienraum können sich Interessierte hautnah über die Wirkung der Gesteine informieren.

## 161 Deutsches Edelsteinmuseum

**Kunzit-Kristall.**

UTM 32377726 5508783

Der Rundgang durch das Museum in der Gründerzeitvilla „Purpers Schlösschen" in **Idar-Oberstein** lässt den Besucher tief in die Welt der edlen Steine eintauchen. Sowohl die einheimischen Schmucksteine als auch die glitzernden Klassiker wie Rubin, Saphir, Smaragd und Diamant sind in herrlichen und farbenfrohen Exemplaren zu sehen. Das Modell einer wasserbetriebenen Achatschleife zeigt die einzelnen Arbeitsschritte der Bearbeitung in früherer Zeit. Die „Glyptothek" birgt eine weltweit einmalige umfangreiche Sammlung von Siegeln, Petschaften *(Stempel zum Siegeln)* und Gemmen *(Schmuckstein mit eingeschnittenem Bild)* seit altbabylonischer Zeit. Auch in der Technik verwendete Edelsteine (Achate, Industriediamanten, verschiedene Laserkristalle) sind zu sehen. Einen ästhetischen Höhepunkt setzt die Edelstein-Schatzkammer.

Edelst...

# Saar – Nahe – Pfalz

■ *Historische Weiherschleife,* ✆ *06781/31513 oder 901918,*
🕑 *15.03. - 15.11. täglich 10.00 – 18.00 Uhr*
■ *Deutsches Edelsteinmuseum, Hauptstraße 118, 55743 Idar-Oberstein,*
✆ *06781/900980,* @ *info@edelsteinmuseum.de, www.edelsteinmuseum.de,*
🕑 *15. Februar – April täglich 10 – 17 Uhr, Mai – Okt.: täglich 9.30 – 17.30 Uhr,*
*1. Nov. – 7. Jan.: täglich außer Mo 10 – 17 Uhr, 24., 25., 31. Dez. geschlossen.*

## 162 Museum Idar-Oberstein

UTM 32379511 5507158

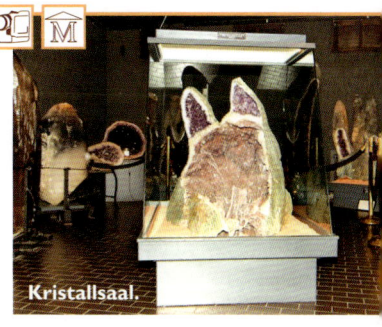

Kristallsaal.

Im Museum unterhalb der Felsenkirche in **Idar-Oberstein** können sich Besucher von der handwerklichen Kunstfertigkeit der Schleifer überzeugen. In der umfangreichen Sammlung von Edelsteinen und anderen Mineralen aus der Region und aus aller Welt leuchten Minerale im Fluoreszenz-Kabinett unter UV-Licht auf. Gemmen Skulpturen und Gefäße aus Edelsteinen sowie Schmuck des 19. und 20. Jahrhunderts zeugen von der hohen Kunst der Schleifer und Steingraveure, die aus einheimischen Rohsteinen wertvolle Einzelstücke gefertigt haben. Besonders beachtenswert ist die Motivsammlung „Minerale und Edelsteine auf Briefmarken". Eine Abteilung ist den Fossilien – wie Seesterne und Seelilien aus dem Hunsrückschiefer (Devon) – gewidmet. Neben den naturkundlichen Sammlungen werden auch die Themen zur Stadtentwicklung, Industriegeschichte und Felsenkirche präsentiert.

## 163 Rosselhalde

UTM 32373187 5513701

Zu den landschaftlich reizvollsten Bereichen um **Idar-Oberstein** zählt der schluchtartige Durchbruch des Idarbaches zwischen Katzenloch und Kirschweiler mit steil aufragenden Felsen und mächtigen Blockmeeren aus Taunusquarzit (frühes Devon). Das Kernstück ist die Rosselhalde, ein ausgedehnter, mit Trümmermassen aus Quarzit bedeckter Hang. Blockmeere sind Anhäufungen von Felsblöcken, wobei die Blockbildung durch die an Gesteinsklüften ansetzende Verwitterung erfolgt. Ein größerer Teil des Blockmeeres hat sich als Blockstrom während der letzten Eiszeit (Pleistozän) hangabwärts ins Idartal verlagert.

Die Rosselhalde.

## Infos

■ *Museum Idar-Oberstein,* ( ▶ *Foto links)*
*Hauptstraße 436, 55743 Idar-Oberstein,* ✆ *06781/24619,*
@ *museum-idar-oberstein@t-online.de*
*www.museum-idar-oberstein.de,* ☉ *März – Oktober:*
*täglich 9 – 17.30 Uhr November – Februar: täglich 11 –*
*16.30 Uhr Führungen nach Voranmeldung.*

## 164 Edelsteinschleiferei Biehl

UTM 32375738 5518392

Diese historische, und mit Wasserkraft betriebene Achatschleiferei in **Asbacherhütte** ist – im Gegensatz zur Weiherschleife bei Idar-Oberstein – eine um 1880 zur Schleiferei umgebaute ehemalige Gipsmühle. Die Schleiferei produziert ihre eigene Elektrizität mit Hilfe eines Wasserrades und eines über 100 Jahre alten Gleichstrom-Generators. Anders als die heute nur noch zu touristischen Zwecken betriebenen historischen Schleifereien ist die Schleiferei Biehl seit vier Generationen eine echte Produktionsstätte. Noch heute kann der Besucher hier das mühevolle Schneiden, Formen, Schleifen und Polieren mit alten Techniken erleben.

Ernst Biehl bei der Arbeit.

## 165 Historisches Kupferbergwerk

UTM 32383496 5512559

 ▶ 3,5 km ▶ 1h

Feuerspeiende Vulkane haben die Region um Kirn und Idar-Oberstein vor etwa 285 Millionen Jahren geprägt. Ihre Lava ist heute ein begehrter Rohstoff für die Hartsteinindustrie. Im Hosenbachtal bei **Fischbach/Nahe** wurde (urkundlich belegt seit dem 15. Jahrhundert) Kupfererz aus vulkanischen Gesteinen des Rotliegend abgebaut. Das Bergwerk im Hosenberg war bis in die Napoleonische Zeit eines der größten und bedeutendsten Kupferbergwerke im westlichen Deutschland. Der Abbau wurde bis

# Saar – Nahe – Pfalz

■ *Edelsteinschleiferei* (▶ Foto rechts),
*Ernst Biehl jun., 55758 Asbacherhütte,* ☏ *06786/1505,*
@ *info@alte-edelsteinschleiferei.de,*
*www.alte-edelsteinschleiferei.de,* ⊙ *täglich 9 – 17.30 Uhr,*
*Mi geschlossen (außer an Feiertagen und Schulferien)*
*Gruppen nach Voranmeldung.*

zur Besetzung des Landes durch französische Revolutionstruppen 1792 betrieben. Sinkende Kupferpreise verhinderten später eine Wiederinbetriebnahme. Erhalten geblieben sind ein weit verzweigtes System von Stollen und Schächten sowie die durch Menschenhand geschaffenen riesigen Hallen, die ein einzigartiges Bild mittelalterlichen Bergbaus vermitteln.

Im **Bergwerk** wandern Besucher durch mehrere übereinanderliegende erstarrte Lavaströme. Das Gestein wird Andesit genannt. Leuchtend grüne Beläge aus Malachit an den Stollenwänden zeigen den Kupfergehalt an. Einen Einblick in die Erzaufbereitung und das Schmelzen vor 1800 erhalten Besucher durch die anschaulich nach historischen Vorlagen rekonstruierten Pochwerke, Waschherde, Röststadel und Schachtöfen.

Auf dem angeschlossenen **Bergbaurundweg** mit 17 Stationen liefern Schautafeln Hintergrundinformationen zum alten Bergbau. Auch Stollen, Tagebaue und andere Relikte des Kupfererzbergbaus sind auf der 3,5 km langen Strecke zu sehen. Das Historische Kupferbergwerk Fischbach liegt an der Deutschen Edelsteinstraße.

**Gewaltig: Kupferbergwerk Fischbach.**

## Infos

■ *Historisches Kupferbergwerk (▶ Foto rechts),*
*55743 Fischbach (Nahe),* ✆ *06784/2304,*
@ *info@besucherbergwerk-fischbach.de,*
*www.besucherbergwerk-fischbach.de,* ⊙ *15. Feb. – 14. Nov.:*
*täglich 10 – 17 Uhr, 15. Nov. – 14. Feb.: täglich 11.30 und*
*13.30 Uhr, Gruppen jederzeit nach Voranmeldung,*
*Führungen für Gruppen (ab 15 Pers.) nach Voranmeldung.*

Die Nordpfalz ist steinreich: Auf engstem Raum treten Queck-silber-, Silber-, Kupfer-, Kobalt- und Eisenerze sowie Steinkohle auf, die früher einen intensiven Bergbau zur Folge hatten. Hinzu kommen Kalksteine, Sandsteine, die als Werksteine verwendet werden und verschiedene Hartgesteine, Klebsande und Tone, die auch heute noch abgebaut werden. Überregional bekannt sind die Quecksilbererzvorkommen. Sebastian Münster, der berühmte Kos-mograph, berichtet bereits 1592: „Zu vnseren Zeiten grebt man diß new Metall / Quecksylber in Schottland; item bey die Teutschen zu Landtsperg im Westrich und zu Creutznach..." In über 90 Berg-werken wurde seit dem 15. Jahrhundert Quecksilber (und Silber) im Bereich des so genannten „Quecksilberdreiecks" mit den Eckpunkten Bad Kreuznach-Kirchheimbolanden-Kusel abgebaut. Heute werden Metallerze und Steinkohle nicht mehr gefördert. Die Sandsteingewinnung und -verarbeitung hat in der Nordpfalz eine lange Tradition. In Alsenz, dem wichtigsten Zentrum der pfäl-zischen Steinindustrie, reicht sie bis in das 18. Jahrhundert zurück. Das Aufkommen neuer Werkstoffe wie Zement und Beton und der Erste Weltkrieg beendeten aber auch diese Ära.

## Saar – Nahe – Pfalz

*Schatzsuche in der Bergbauerlebniswelt Imsbach:
Die jährlich stattfindenden Pfälzer Bergbautage in
der Bergbauerlebniswelt Imsbach sind ein Erlebnis
für Groß und Klein. Dort kann man auf den Spuren
der Bergleute selbst nach Mineralen schürfen und
mit etwas Glück ein Stückchen Kupfererz als Sou-
venir mit nach Hause nehmen (▶ Foto rechts).*

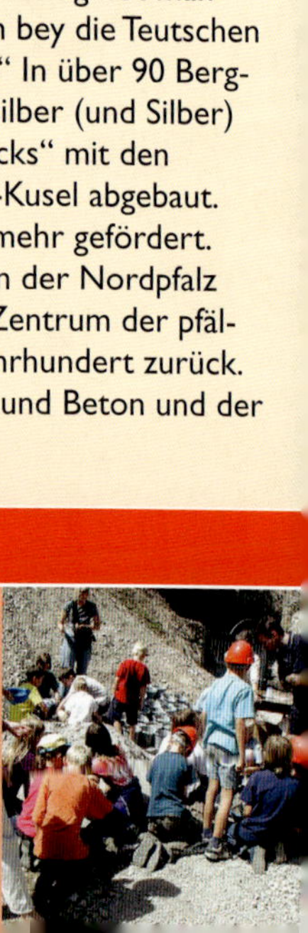

Durch 300 Millionen Jahre Erdgeschichte führt der spannende Streifzug im **Donnersbergkreis**. Neben geologischen und kulturgeschichtlichen Aspekten spielen Objekte aus Bergbau und Hüttenwesen aus den vergangenen 2000 Jahren eine besondere Rolle. Mehr als 20 Objekte im gesamten Kreisgebiet wurden mit Schautafeln ausgestattet, um die geologische Zeitreise gut informiert anzutreten. Sei es auf dem Weg zum höchsten Dorf der Pfalz (Ruppertsecken), zu den Leopardensandsteinen von Potzbach, den „Humboldtschen Feuerkugeln" bei Imsweiler oder auch zum höchsten pfälzischen Berg, dem 687 m hohen Königstuhl (am Donnersberg) – überall wird die Bedeutung der Geologie für das tägliche Leben deutlich. Die Schauobjekte werden dabei ständig erweitert. So können jetzt auch Besucher in der Bergbauerlebniswelt Imsbach (▶ Tipp 167) in der rund 230 Jahre alten Grube Maria die Spuren des Eisenerzbergbaus hautnah erforschen. Im Pfälzischen Steinhauermuseum in Alsenz (▶Tipp 174 ) werden Tradition und Bedeutung der Steinhauerei und im Bergbaumuseum in Niedermoschel 500 jährige Bergbaugeschichte auf Quecksilber, Silber und Kohle verdeutlicht (▶ Tipp 176). Als Ausgangspunkt für die Geo-Tour empfiehlt sich die Bergbauerlebniswelt **Imsbach**.

Der Donnersberg.

## Infos

■ *Donnersberg-Touristik-Verband,* Uhlandstraße 2, 67292 Kirchheimbolanden, ☎ 06352/1712, @ touristik@donnersberg.de, www.donnersberg-touristik.de ( ▶ Foto rechts: Humboldtsche Feuerkugeln).

▶ 3,5 km ▶ 1h
▶ 7,1 km ▶ 2h 10min
▶ 5,5 km ▶ 1h 40min

Mehr als 1100 Jahre alte Bergbaugeschichte spiegelt die Bergbauerlebniswelt in **Imsbach** wieder. Der Bergbau ist hier vor fast 100 Jahren eingestellt worden, aber noch heute zeugen viele Schächte, Stollen und Erzhalden von der mühevollen Suche nach Erzen. Sie wurden vor Millionen Jahren aus heißen, metallhaltigen, wässrigen Lösungen auf Spalten im Rhyolithgestein des Donnersberges ausgeschieden. Durch den Stollen des *Besucherbergwerkes* der über 400 Jahre alten Weißen Grube, gelangen Besucher tief in den Bauch des Berges. Von sauber mit Schlägel und Eisen bearbeiteten Bereichen aus dem Mittelalter bis hin zu den mit Sprengstoff herausgeschossenen Grubenbauen der letzten Bergbauphase zu Beginn des 20. Jahrhunderts erfahren Entdecker Wissenswertes über die Arbeitsweisen der Bergleute. In der Grube Maria – einer über 250 Jahre alten und letztmals 1923 betriebene Eisenerzgrube – erlebt der Besucher den Alltag im Berg hautnah: Vom unteren Stollen ge-

Die Bergbauerlebniswelt unter Tage.

## Saar – Nahe – Pfalz

■ *Pfälzisches Bergbaumuseum Imsbach e. V.*
*Ortsstraße 2, 67817 Imsbach,* ☎ *06302/602-61 oder -0*
@ *info@bergbauerlebniswelt-imsbach.de,*
*www.bergbauerlebniswelt-imsbach.de,*
⊙ *April – Ende Oktober: Sa 13 – 17 Uhr, So 10 – 17 Uhr, Für Gruppen (ab 15 Pers.) sind Führungen auf Anfrage auch außerhalb dieser Zeiten möglich.*

langt er über einen Schacht mit Wendeltreppe zum rund 15 Meter höher liegenden Stollen der oberen Sohle – und erblickt so nach knapp 100 m auf der anderen Seite des Berges wieder das Tageslicht. Im ehemaligen Schulhaus von Imsbach präsentiert das Pfälzische Bergbaumuseum alles über die Erze, Gesteine und die fossilen Brennstoffe der Region. Die Vorkommen, Gewinnung und Verarbeitung von Eisen, Mangan, Kupfer, Kobalt, Gold, Silber und Quecksilber werden ebenso erläutert wie die Nutzung der heute noch aktuellen Steine- und Erden-Rohstoffe wie beispielsweise die Eisenberger Tone, die Göllheimer Kalksteine oder die Kreimbacher Andesite.

Zu Fuß durch die pfälzische „Steinzeit" geht es auf drei thematisch gegliederten *Bergbaurundwanderwegen*. Sie führen durch die reizvolle Landschaft in Imsbach und Umgebung und zu weiterer Relikten der einst regen Bergbautätigkeit wie zum Beispiel den Tagebauen der „Katharinengruben". Farbige Schautafeln erläutern dabei die historischen Objekte. Die Bergbauerlebniswelt Imsbach ist Teil der Geo-Tour Donnersbergkreis (▶ Tipp 166).

## 168 Ruine Falkenstein

UTM 32418625 5495756

Leben in der Lava: Das Dorf **Falkenstein** mit der gleichnamigen Burgruine steht auf heißem Boden - inmitten eines alten Vulkanschlotes. Er spie lange vor der Entstehung des Donnersberges Asche und Lava. Von der Burgruine der im 18. Jahrhundert zerstörten Burg blickt man in südliche Richtung über den alten Vulkanschlot hinweg in ein tief in die Vulkanite und Sedimentgesteine des Rotliegend eingeschnittenes Tal. Über eine der steilsten Straßen im nichtalpinen Bereich Deutschlands (25 % Gefälle) erreicht man im unteren Teil dieses Tals eine enge Schlucht mit senkrecht aufsteigenden Felswänden, die mehrere zehn Meter hoch sind. Sie sind aus Geröllen des Donnersbergs aufgebaut. Dabei handelt es sich um den über 250 Millionen Jahre alten Hangschutt des Berges, dessen lose Komponenten im Laufe der Jahrmillionen durch ausgeschiedenen Quarz fest zusammengekittet wurden.

## Infos

...ter Tage. | Weiße Grube. | Tagebau Katharina. | Falkensteiner Tal.

## 169 Ökopark Erdekaut

UTM 32433053 5488778

Nomen est Omen: In **Eisenberg** und Umgebung gewannen schon die Römer Eisenerz. Ihren Wohlstand aber verdankte die Gemeinde insbesondere im 19. Jahrhundert den Ton- und Klebsandvorkommen aus dem Tertiär, die heute noch abgebaut werden. Um 1890 gab es im Hettenleidelheimer Revier rund 130 Tief- und Tagebaue sowie mehrere Ziegeleien. Heute ist davon kaum etwas geblieben. Im Landschaftsschutzgebiet Erdekaut zwischen Hettenleidelheim und Eisenberg wird eine Kulturlandschaft bewahrt, die die einstige bedeutende Rolle des Ton-

Der Ökopark.

bergbaus für die Region und die besondere Vegetation zur Geltung bringt. Unweit nördlich, an der Umgehungsstraße, liegt der römische Vicus *(Siedlung)* unmittelbar neben einer alten Schachtanlage des Tonbergbaus – einen Besuch sollte man nicht versäumen.

## 170 Burgruine Stauf

UTM 32429609 5489035

Unterhalb der mittelalterlichen Burgruine Stauf in **Eisenberg** (Pfalz) sind in einem kleinen Gesteinsanschnitt ziegelrote bis rotbraune sandig-kiesige Gesteine zu sehen. Die vielen enthaltenen Gerölle sind auffällig eckig oder nur kantengerundet. Der Aufschluss ist die namensgebende Typlokalität *(Eine Typlokalität bezeichnet in der Geologie beziehungsweise Mineralogie den Ort, an dem ein Gestein oder Mineral erstmals gefunden und beschrieben wurde. Oftmals werden diese Minerale oder Gesteine auch nach diesem ersten Fundort benannt.)* für die „Stauf-Schichten". Diese Gesteinsformation ist in der nördlichen Pfalz weit verbreitet. Sie entstand im Erdzeitalter des Zechstein (Oberes Perm) vor knapp 260 Mio. Jahren. In älteren geologischen Kartenwerken wurde sie fälschlicherweise noch als die älteste Buntsandstein-Einheit bezeichnet.

## Saar – Nahe – Pfalz

Tonbergbau.

■ **Verbandsgemeinde Eisenberg (Pfalz),** *Hauptstraße 86, 67304 Eisenberg (Pfalz),* ☏ *06351/407-0,* @ *info@eisenberg.de,* *www.eisenberg.de, www.vicus-eisenberg.de*

## 171 Frühindustriepark Gienanth

UTM 32416703 5492131  ▶ 12 km ▶ 4h 30min

Am Donnersberg siedelte sich im 18. und 19. Jahrhundert dank der großen Erzvorkommen eine Eisen verarbeitende Industrie an. Die Familie Gienanth baute ein regionales Eisen-Imperium auf, von dem heute noch die Gießerei in Winnweiler-Hochstein und die Eisenschmelze erhalten sind. Dazu gehören auch die alten Holzkohle-Meilerplätze in den umgebenden Wäldern, das einstige Hammerwerk in Schweisweiler und die Alsenz-Bahnlinie. Ein *Rundwanderweg* durch den frühgeschichtlichen Industriepark Gienanth erschließt die geschichtlichen und räumlichen Zusammenhänge dieser Industrie im südwestlichen Vorland des Donnersbergmassivs. Als Startpunkt für die Wanderung empfiehlt sich die Kupferschmelze in **Winnweiler-Hochstein**.

## 172 Donnersberghaus

UTM 32423760 5497592 ▶ 12 km ▶ 3h 25min

Die Geburt des Donnersberges vor rund 285 Millionen Jahren war von Erdbeben, Gas- , Dampf- und Ascheneruptionen begleitet. In Jahrtausenden entstand durch eindringendes zähflüssiges Magma, das die Deckschichten immer weiter emporhob, ein Vulkanmassiv, das seine Umgebung anfänglich um fast 1000 m überragte. Es war ein Auf und Ab: Im Laufe seiner langen, sehr abwechslungsreichen Geschichte war der Donnersberg, bedingt durch großräumige Senkungen der Erdkruste, zwischenzeitlich völlig von jüngeren Gesteinsablagerungen bedeckt. Danach aber bildete er durch die stetige Verwitterung und Abtragung dieser Überdeckungen wieder einen ebenso imposanten Berg wie heute. Im ehemaligen Schulhaus in **Dannenfels** können ausgesuchte Mineral- und Fossilfunde der Region besichtigt werden. Ein Bereich der Ausstellung widmet sich einem berühmten Sohn der Gemeinde – dem Geologen Carl Wilhelm von Gümbel – 1823 in Dannenfels geboren. Schwerpunktmäßig beleuchtet wird auch die keltische Vergangenheit des Donnersberges. Die Kelten lebten dort im 5. bis 1. Jahrhundert vor Christi Geburt und haben ihre Spuren wie die Ringwallanlage Oppidum hinterlassen.

## Infos

...nnersberghaus.

■ *Tourismusbüro der Verbandsgemeinde Winnweiler*
*Jakobstraße 29, 67722 Winnweiler,* ☎ *06302/602-61*
*oder -0,* @ *info@winnweiler-vg.de, www.winnweiler-vg.de*
■ *Donnersbergverein e. V., Oberstraße 4,*
*67814 Dannenfels,* @ *info@donnersbergverein.de,*
*www.donnersbergverein.de,* ☉ *nach Voranmeldung.*

## 173 Nordpfälzer Heimatmuseum

UTM 32414651 5498046

Auf zwei Ebenen mit insgesamt 450 m² Ausstellungsfläche wird in **Rockenhausen** das ganze Spektrum der Vor- und Frühge-schichte über die alten Römer und den Burgen- und Bergbau des Mittelalters bis zu den mannigfaltigsten Zeugnissen des 19. Jahrhunderts gezeigt. Anhand von Mineralien und Fossilien wird die Geologie und Paläontologie der Nordpfalz präsentiert. Bemerkenswert ist die Sammlung alter gusseiserner Öfen der Firma Gienanth (▶ Tipp 171). In den Museumsgärten befindet sich eine der schönsten römischen Brunnenanlagen nördlich der Alpen aus dem 2. Jahrhundert nach Chr. , die um 1910 im nahe gelegenen Katzenbach ausgegraben wurde.

## 174 Pfälzisches Steinhauermuseum

UTM 32414430 5508441        ▶ 2,5 km ▶ 45min

**Alsenz** war seit dem 18. Jahrhundert ein Zentrum der pfälzi-schen Sandsteingewinnung und Steinhauerei. Die Blütezeit lag im späten 19. Jahrhundert, aus der noch heute prunkvolle Bauten erhalten sind. Im *Steinhauermuseum* kann man auf den Spuren dieses einst so bedeutenden Wirtschaftszweiges wandeln. Das *Lapidarium* präsentiert eine Sammlung kunstvoll bearbeiteter

Sandsteinbruch.

Sandsteine von der Rö-merzeit bis heute. Eine Steinhauer-Werkstatt zeigt zahlreiche Werk-zeuge, Transport- und Hebevorrichtungen, und stellt verschiedene Arbeitstechniken vor. Wissenswertes gibt es zu den Sandsteinbrü-chen, über die Kunst der Steinbearbeitung und die Lebens- und Arbeitsbedingungen der Steinhauer.

## Saar – Nahe – Pfalz

■ *Nordpfälzer Heimatmuseum,*
*Bezirksamtsstraße 8, 67806 Rockenhausen,*
☎ *06361/4510, @ touristinfo@rockenhausen.de*
*www.rockenhausen.de,*
☉ *März – Weihnachten: Do, So 15 – 17 Uhr*
*jederzeit nach Voranmeldung.*

Im Steinhauermuseum.

Auch ein Planungs- und Konstruktionsbüro aus der Zeit um 1900 kann besichtigt werden. Besonders originell ist die Sammlung von Christbaumständern aus Sandstein.

Das Museum liegt am *Steinhauer-Rundweg (2,5 km)*. Er führt vorbei an fünf historischen Häusern aus der Blütezeit der Steinhauerei in Alsenz und säumt den Deutschen Sandsteinpark am Alsenzufer. Dort sind Sandsteinblöcke aus verschiedenen geologischen Zeitaltern und Abbaugebieten ganz Deutschlands aufgestellt.

## 175 Geokulturpfad Obermoschel

UTM 32U 412411 5509001

▶ 2 km ▶ 30min

Moschellandsbergit.

**Obermoschel** war einst ein Zentrum des nordpfälzischen Quecksilberbergbaus, zuletzt in den Jahren 1934 bis 1942. Damals stand am Nordhang des Moschellandsbergs die Aufbereitungsanlage für die Erze. Sie wurden in Obermoschel am Stahlberg und am Lemberg abgebaut. Entlang des Geokulturpfades, der am ehemaligen Bet- und Zechenhaus der Grube „Gottesgabe" beginnt, kann man der Geschichte des Bergbaus auf den Grund gehen. Er bietet an über 30 Stationen Infos und interaktive Erlebnisse zu den Themen Bergbau, Geschichte von Burg und Stadt, Wald, Jagd, Landwirtschaft und Weinbau sowie Windkraft. So erfährt man auch, was es mit den Mineralien Moschelit und Moschellandsbergit auf sich hat, die winzig-schön und sehr selten, den Berg in Fachkreisen weltberühmt gemacht haben.

## Infos

■ *Pfälzisches Steinhauermuseum,* Verbandsgemeinde Alsenz-Obermoschel, Schulstrasse 16, 67821 Alsenz, © 06362/3030 oder 993821, @ info@steinhauermuseum-alsenz.de, www.steinhauermuseum.de, www.alsenz.de, ⊙ Do 17 – 19 Uhr und Feiertage. Nov. – Ostern geschlossen, Gruppenführungen nach Voranmeldung.

■ *Verbandsgemeinde Alsenz-Obermoschel,* Schulstraße 16, 67821 Alsenz, @ info@vg-alsenz-obermoschel.de, www.alsenz-obermoschel.de, www.obermoschel.de

## 176 Museum Nord- und Westpfälzer Quecksilberbergbau

UTM 32413133 5509734

Im **Niedermoscheler** Museum wird
eine umfassende Dokumentation des
Nordpfälzer Quecksilberbergbaus
präsentiert. Im Mittelpunkt stehen die
Geschichte und technische Entwicklung
von Bergbau und Hüttenwesen. Die
Ausstellung umfasst Minerale, Fossilien,
Dioramen, Modelle, Gerätschaften, Fotos
und Pläne der ehemals so bedeutenden
Bergwerke.

Grubenlampe „Frosch".

## 177 Besucherbergwerk Schmittenstollen

UTM 32412345 5516025

Der Schmittenstollen bei **Feilbingert** ist neben Idria in Slowenien
das einzige Quecksilberbergwerk Europas, das für Besucher geöff-
net ist. Das Bergwerk baute Erze aus drei Quecksilber-Erzzügen
des Lembergs ab. Haupterzmineral war der scharlachrote Zinno-
ber, ein Quecksilbersulfid. Der Beginn des Quecksilber-Bergbaus
lag hier im 16. Jahrhundert. Insgesamt existieren im Lemberg etwa
15 km Stollen und Strecken. Davon sind heute 700 m zugänglich,
auf denen man die Bergbautechnik der verschiedenen Epochen
vom Mittelalter bis in das 20. Jahrhundert nachvollziehen kann.

Schmittenstollen.

## Saar – Nahe – Pfalz

■ *Museum Nord- und Westpfälzer Quecksilberbergbau,*
*Bürgerhaus, Amtsgasse 21, 67822 Niedermoschel,* © 06753/5296,
@ *ernst-spangenberger@freenet.de, www.niedermoschel.de,*
🕐 *2. So im Sept. (Tag des offenen Denkmals),*
*Ganzjährig und Gruppenführungen nach Voranmeldung.*
( ► *Foto rechts. Schmittenstollen)*

▶ 3,2 km ▶ 1h    ▶ 9 km ▶ 2h 40min
▶ 16 km ▶ 4h 40min

Das Nahetal bei **Bad Münster am Stein-Ebernburg** wird vom Rheingrafenstein mit der gleichnamigen Burgruine beherrscht. Der 136 m hohe Rhyolith-Felsen gehört geologisch zum Kreuznacher Massiv aus dem Rotliegend (Perm). Von der im 11. Jahrhundert errichteten und 1688 von Truppen Ludwig XIV. zerstörten Burg hat man einen traumhaften Blick über das enge Tal der Nahe und zur gegenüber liegenden Ebernburg. Vier Rundwanderwege führen durch die eindrucksvollsten Bereiche des Tals. Die *Würfelnatter-Tour (3,2 km)* verläuft vom Parkplatz Salinental an der Nahe entlang über die Roseninsel durch das Naturschutzgebiet Kurpark Bad Kreuznach und den Nachtigallenweg. Die *Salinental-Tour (9 km)* führt vom Parkplatz Salinental hinauf zur Gans und dem Rheingrafenstein und hinab ins Huttental. Dort quert man per Bootsfähre die Nahe

und erreicht durch das Salinental wieder den Ausgangspunkt. Fünf große Gradierwerke zur Konzentration des Solewassers zeugen im Salinental von ihrer ehemaligen Bedeutung für die Salzgewinnung. Sie dienen heute als Deutschlands größtes Freiluftinhalatorium mit brom- und jodreicher Luft. Die *Rotenfels-Tour*

Der Rotenfels.

*(9 km)* beginnt am Parkplatz vor dem Abzweig zur Friedensbrücke und führt an Norheim vorbei aufwärts, direkt am Rotenfelsmassivs steil hinauf zur Bastei. Zurück geht es nach Bad Münster am Stein. Die *Große Tour (16 km)* vereint die schönsten Panoramen rund um Bad Kreuznach und Bad Münster am Stein.

## Infos

■ *Verbandsgemeindeverwaltung*, *Hauptamt, Rheingrafenstraße 11, 55583 Bad Münster am Stein-Ebernburg*, ☏ *06708/6100, 06758/8404 (Schmittenstollen)*, ✉ *poststelle@vg-bme.de, www.schmittenstollen.de*, ☉ *April bis Nov.: Di – So 10 – 17 Uhr, Führungen für Gruppen nach Voranmeldung.*

## 179 Rotenfels

UTM 32416301 5518911

Der Rotenfels zwischen **Bad Münster am Stein-Ebernburg** und **Norheim** ist mit 202 m Höhe und 1.200 m Länge als größte Steilwand nördlich der Alpen ein bekanntes Kletterrevier. Er gehört zum Kreuznacher Rhyolith-Massiv.

## 180 Naturkundemuseum

UTM 32393638 5518990

Im ehemaligen Rathaus aus dem Jahr 1499 in **Simmertal** ist eine paläontologische Sammlung ausgestellt, die Fossilien aus dem Gebiet von Hunsrück, Nahe und Saarland vom Devon bis zum Tertiär umfasst. Außerdem gibt es eine Mineralsammlung sowie eine vogelkundliche und botanische Ausstellung.

## 181 Geologischer Lehrpfad

UTM 32392276 5517683

▶ 3,5 km ▶ 1h

Auf dem Lehrpfad in **Hochstetten-Dhaun** erfahren Besucher an 11 Stationen Wissenswertes zur Geologie und Entwicklungsgeschichte des Kirner Landes. Startpunkt ist der Parkplatz am nördlichen Ortsausgang von Hochstetten-Dhaun in Richtung Schloss Dhaun. Die Stationen widmen sich unter anderem den Themen „Geologische Schichtenfolge und Entwicklungsgeschichte des Kirner Landes", „Landschaftsentwicklung im Tertiär und Quartär", „Blockschutthalde am Hellberg" sowie „Wirtschaftliche Nutzung der Gesteine".

Der geologische Lehrpfad.

# Saar – Nahe – Pfalz

■ *Naturkundemuseum,* Hauptstraße 46, 55618 Simmertal,
☏ 06754/1416, @ info@hunsrueck-naheland.de, www.hunsrueck-naheland.de,
☉ März – Okt.: 1. und 3. So 10 – 12 Uhr, jederzeit nach Voranmeldung.
■ *Verbandsgemeinde Kirn-Land,* Bahnhofstraße 31, 55606 Kirn,
☏ 06752/13831, @ kirn-land@hunsrueck-naheland.de,
www.hunsrueck-naheland.de

Saurier der Pfalz.

Stichwort
# Fossilien

Haie in der Pfalz?! Doch, es gibt sie, allerdings nur aus Stein! Die Fossilien aus dem Rotliegend sind steinerne Zeugen der geologischen Entwicklung. Zu Beginn dieses Erdzeitalters lag die Pfalz als Becken auf einem Großkontinent wenig nördlich des Äquators unter tropisch-feuchtem Klima. Es gab große Seen und Flüsse, die von Schmelzschuppen-Fischen, Süßwasser-Stachelhaien und großen Dachschädellurchen besiedelt wurden. Mit der Wanderung des Kontinents nach Norden und zunehmend trocken-warmem Klima schrumpften jedoch deren Lebensräume und an ihre Stelle traten vor allem Reptilien. Neue Pflanzengruppen wie die Koniferen entwickelten eine spärliche Vegetationsdecke. Tektonische Bewegungen in der Erdkruste und ein intensiver Vulkanismus veränderten die Landschaft nachhaltig. Erze, Kohle und Kalksteine wurden gebildet. Heute findet man die Spuren dieser Erdgeschichte überall in der Region in Museen, Besucherbergwerken und entlang reizvoller Wanderwege. Und nebenbei erfährt man auch, dass die Westpfalz einst ein bedeutendes Zentrum der Diamantschleiferei war.

## Infos

>> Räuberische Micro- und Brachiosaurier lebten während dem Rotliegend in der Pfalz.

## 182 Geoskop Urweltmuseum

UTM 32381097 5490513

Westlich von Kusel thront seit mehr als 800 Jahren – übrigens auf dem magmatischen Gestein Kuselit – die Burg Lichtenberg oberhalb des Ortes **Thallichtenberg**. Sie ist eine der flächengrößten Burgen in Deutschland. 1799 wurde durch einen Großbrand die gesamte Oberburg zerstört. Heute sind im Burgbereich eine Jugendherberge, eine Naturschau in der Zehntscheune und das Geoskop Urweltmuseum untergebracht. Zehntscheune und Geoskop sind eine Zweigstelle des Pfalzmuseums für Naturkunde-Pollichia-Museum in Bad Dürkheim. Hier wird die Urgeschichte des Pfälzer Berglandes vor etwa 295 bis 250 Millionen Jahren eindrucksvoll dargestellt. Schwerpunkte sind außergewöhnlich gut erhaltene Fossilien wie Amphibien, Urfische aus Seen und Baumstämme aus den Farn- und Schachtelhalmwäldern des Rotliegend. Aber auch die Mineral- und Erzvorkommen des Nordpfälzer Berglandes und der Bergbau werden präsentiert. Jährlich wechselnde Sonderausstellungen ergänzen das Angebot.

## 183 Kalkbergwerk am Königsberg

UTM 32399649 5493021

Am Ortsausgang von **Wolfstein** direkt an der Bundesstraße befindet sich das ehemalige Kalkbergwerk Wolfstein, das bis 1967 betrieben wurde. Der damals gewonnene Rohstoff ist ein Süßwasserkalk. Er entstand während des Rotliegend als Ablagerung in ausgedehnten Seen.

Die Ursprünge der Kalkgewinnung reichen bis in die Mitte des 19. Jahrhunderts zurück. Die Besucher gelangen mit einer kleinen Grubenbahn durch den Förderstollen zu den ehemaligen Abbauorten, die bis zu 50 m untertage liegen. Hier

Bahnfahrt ins Kalkbergwerk.

## Saar – Nahe – Pfalz

■ **GEOSKOP Urweltmuseum,** Burg Lichtenberg, 66871 Thallichtenberg, ✆ 06381/993450, @ info@urweltmuseum-geoskop.de, www.urweltmuseum-geoskop.de, ◷ April – Okt.: tägl. 10 – 17 Uhr, Nov. – März: tägl. 10 – 12 und 14 – 17 Uhr, Führungen nach Voranmeldung (▶ Foto rechts).

wird deutlich, wie mühsam die Bergleute früher die etwa 3 m dicken, nutzbaren Kalksteinschichten abgebaut und mit Loren ans Tageslicht gefördert haben. Dort wurden die Kalksteine in speziellen Öfen, die ebenfalls zu besichtigen sind, gebrannt. Nach der Rückkehr mit der Grubenbahn rundet ein Filmvortrag den Besuch in dieser beeindruckenden Welt ab.

## 184 Wilhelm-Panetzky-Museum

UTM 32387481 5488949

**Rammelsbach aus der Luft.**

Rund 120 Jahre lang wurde am Dimpel in einem frühindustriellen Betrieb nahe **Rammelsbach** in einem großen Steinbruch ein hartes basaltähnliches Gestein zur Gewinnung von Splitt und Schotter (früher auch für Pflastersteine) abgebaut. Das vulkanische Hartgestein, ein Andesit, stammt aus dem Rotliegend (▶ Grafik, Seite 25). Das Museum vermittelt Eindrücke von der Geschichte der Gewinnung und Verarbeitung. Welche Schwerstarbeit die Männer und Frauen damals geleistet haben, zeigen Bildtafeln, Urkunden und Geräte sowie die Nachbildung einer Werkstatt-Schmiede. Auch eine Gesteinssammlung ist zu sehen. Im Freigelände sind eine Steinabrichterbude *(Steinbearbeitung)*, Loren auf Schmalspurgleisen sowie Pflastersteine ausgestellt.

## 185 Tropfsteinhöhle

UTM 32398850 5485495

Im Jahre 1911 entdeckten zwei **Erzenhausener** Bürger im Hummestal das Mundloch eines etwa 76 m langen und 1,80 m hohen Stollens. Bemerkenswert sind zahlreiche, von der Decke herabhängende Tropfsteine (Stalaktiten), die sich seit dem Auffahren des Stollens gebildet haben. Deshalb wurde der Stollen heute (fälschlich) als „Tropfsteinhöhle" bekannt. Erste Hinweise auf bergbauliche Aktivitäten in der Region am Eulenkopfmassiv datieren von 1744. Außer Kupfer sollen auch andere Erze sowie Achate

## Infos

■ **Verbandsgemeindeverwaltung,** Fremdenverkehrsamt, Bergstraße 2, 67752 Wolfstein, ☎ 06304/913104, 06304/1739 (Kalkbergwerk), @ info@vgs-wolfstein.de verwaltung@kalkbergwerk.com, www.kalkbergwerk.com, ☉ Ende März – Anfang Nov.: So 13 – 18 Uhr, Gruppen (ab 20 Pers.) nach Voranmeldung.
■ **Wilhelm-Panetzky-Museum,** Haschbacher Straße 14, 66887 Rammelsbach, ☎ 06381/429644, @ info@vg-altenglan.de, www.altenglan.de, ☉ nach Voranmeldung.

**Tropfsteinhöhle Erzenhausen heute.**

gefunden worden sein. Pingenfelder belegen, dass im Tagebau Ende des 18. bis Anfang des 19. Jahrhunderts meist erfolglos nach Quecksilber, aber auch nach Steinkohle gesucht wurde.

## 186 Diamantschleifer-Weg

UTM 32U 367 / 5476673

▶ 18 km ▶ 5h 15min

**Im Diamantschleifermuseum.**

**Brücken** war seit 1888 Zentrum der westpfälzischen Diamantindustrie. In den 1930er Jahren waren über 2500 Menschen in den Diamantschleifereien beschäftigt. Erst in der zweiten Hälfte des 20. Jahrhunderts endete dieser traditionelle Wirtschaftszweig. Der Diamantschleifer-Weg führt als Rundweg durch die Gemeinden Brücken und Ohmbach. Der Spur der Steine folgend, trifft man auf Natur-, Kultur- und Technik-Denkmäler. Der Stollen der Grube Brücken erinnert an den von 1775 bis 1939 betriebenen Abbau von Steinkohle. Der Steinplattenbruch in Ohmbach zeigt die regionale Bedeutung des Sandsteinplattenabbaus und weist auf die Kalkgewinnung in der Region hin. Sehenswert ist auch das Diamantschleifer-Museum in Brücken. Es präsentiert zehn komplett eingerichtete Arbeitsplätze verschiedener zeitlicher und technischer Entwicklungsstufen. Nachschliffe der 35 bedeutendsten Diamanten der Welt, Präzisionswerkzeuge für die Bearbeitung oder Modelle vom Okta-

## Saar – Nahe – Pfalz

■ *Touristikbüro Weilerbach,* ✆ 06374/922131, @ info@vg-weilerbach.de, www.weilerbach.de, *Tropfsteinhöhle:* ☼ Ende April bis Ende September mit Taschenlampe und Gummistiefel auf eigene Gefahr frei zugänglich.

■ *Diamantschleiferweg,* Fremdenverkehrszweckverband des Landkreis Kusel, „Kuseler Musikantenland", Trierer Straße 41, 66869 Kusel, ✆ 06381/424-270, @ touristinformation@kv-kus.de, www.touristinformation-kusel.de

eder bis zum Brillanten sowie Schautafeln zur Geschichte können im Museum besichtigt werden. An Sonntagen lassen sich Schleifer auch schon mal gern bei der Diamant-Bearbeitung über die Schulter schauen. Für Kinder gibt es eine „Schatztruhe". Dort können sie auf die Suche nach Edelsteinen gehen.

## 187 Bergmannsbauernmuseum

UTM 32374766 5476960

Das Museum in **Breitenbach** erinnert an die pfälzischen Bergmannsbauern und den saarpfälzischen Steinkohlebergbau. Zu Beginn der Industrialisierung im 19. Jahrhundert versuchten viele Bauern bis in die 1950er Jahre in den Bergwerken ihr schmales Einkommen aufzubessern. Im Vordergrund der Ausstellung steht die Geschichte des Steinkohlebergbaus im Raum Waldmohr auf den Gruben „Labach", „Frankenholz" und „Nordfeld". In Vitrinen werden Gesteine und Fossilien der Region, Gezähe *(Werkzeuge und Arbeitsgeräte)* und Geleucht *(Leuchtmittel der Bergleute)* ausgestellt. Historische Bilder vermitteln einen Eindruck vom früheren harten Arbeitsleben untertage. Auch der Nachbau eines Bergmannsbauernhauses wird gezeigt. Im Neubau haben Sammlungen zur Geologie und Mineralogie der Westpfalz ihren Platz, der Außenbereich dokumentiert die Technisierung der Landwirtschaft zu Beginn des 20. Jahrhunderts.

## 188 Wipfelpfad & Biosphärenhaus

UTM 32407028 5437968

Auf Deutschlands erstem Wipfelpfad in **Fischbach** bei Dahn steigen Besucher dem Blätterwald in die Krone: Aus ungewohnter Perspektive haben sie einen gewaltigen Blick auf die Farbenpracht

► 2 km ► 1h

Der Baumwipfelpfad.

## Infos

■ *Diamantschleifermuseum,* Hauptstraße 47, 66904 Brücken (Pfalz), ☏ 06386/993168, @ diamantschleifermuseum@freenet.de, www.diamantschleifermuseum.de, ☉ Di 9.30 – 12 Uhr, Do und So 14 – 17 Uhr, jederzeit nach Vereinbarung.
■ *Bergmannsbauernmuseum,* Waldmohrer Straße 32, 66916 Breitenbach, ☏ 06386/999416, @ museum-breitenbach@gmx.de, www.waldmohr.de, ☉ Mi 19 – 21 Uhr und 1. So im Monat 14 – 18 Uhr, nach Voranmeldung.

des Pfälzerwaldes. Auf Schritt und Tritt geht es dabei der Natur auf die Spur: Spannende Mitmach-Stationen erklären anschaulich, warum der Specht beim Klopfen keine Kopfschmerzen kriegt und wie Fledermäuse hören. Der Lehrpfad führt auf festen Stegen wie über schwankende Brücken durch die Kronen, wird von 19 Stahlstämmen getragen und ist 270 Meter lang. Besonders imposant ist der Rundblick vom 35 Meter hohen Adlerhorst. Wer den festen Boden unter den Füßen nicht verlieren will, wandert auf vielen interessanten Wegen durch raschelndes Laub vorbei an Burgen, Skulpturen und jede Menge Natur. Oder er entdeckt die Pfalz auf dem angrenzenden *Erlebnispfad* mit Schneckenturm und Wetterstation. Neu ist ein *Wassererlebnispfad*, spannend die Ganzjahresausstellung zu Natur und Geologie im futuristisch anmutenden *Biosphärenhaus*.

Turm am Baumwipfelpfad.

## Saar – Nahe – Pfalz

■ *Biosphärenhaus Pfälzerwald/Nordvogesen,* Am Königsbruch 1, 66996 Fischbach bei Dahn, ☎ 06393 92100, 0171 1758912, @ info@biosphaerenhaus.de, www.biosphaerenhaus.de ☉ Jan. – März, Nov. + Dez.: Di – Fr 9 – 16, Mo + Sa + So 9.30 – 16 Uhr, April & Mai, Okt.: Di – Fr 9 – 18, Mo + Sa + So 9.30 – 18 Uhr, Juni – Sept.: Di – Fr 9 – 19, Mo + Su + So 9.30 – 19 Uhr, Baumwipfelpfad bei Gewitter, Sturm, Schnee oder Eis geschlossen. Hunde nicht erlaubt.

Sandsteinschichten.

# Felsenland & Wüstensand

Rote und gelbliche Felsmassive, Steilwände, Burgruinen und viel Wald sind charakteristisch für das Pfälzische Felsenland. Zur Zeit der Ablagerung der Gesteine herrschte in diesem Gebiet ein trocken-heißes, wüstenhaftes Klima und der Wind transportierte feinen Sand und Staub. Teilweise spülten reißende Wasserläufe eines verzweigten Flusssystems Sand und Geröll in die Pfalz. Der Pfälzerwald ist im Wesentlichen durch Ablagerungen aus der Zeit des Buntsandstein charakterisiert: Der Begriff Buntsandstein bezeichnet dabei kein Gestein, sondern eine Zeitspanne. Namensgebend sind die bunten Sandsteine, die typisch für dieses Zeitalter sind. Überall sind die durch Eisenverbindungen meist in rötlichen, gelblichen und bräunlichen Tönen gefärbten Ablagerungsgesteine zu finden. Die einzelnen Schichten des Buntsandstein sind nach markanten Landschaftsteilen benannt. So kennen wir die Trifels-Schichten, benannt nach dem Felsen, auf dem die einst mächtige Reichsburg steht, oder die Karlstal-Schichten, benannt nach einer romantischen Felsschlucht im Tal der Moosalbe südlich von Kaiserslautern. Die Strukturen des Buntsandstein – Korngrößen, Schichtung, Verwitterungsformen – sind für den Geologen wie ein aufgeschlagenes Buch, das die Kapitel der Erdgeschichte erzählt.

## Infos

» Die so genannte **Trias** – Dreierfolge der Zeitalter Buntsandstein, Muschelkalk und Keuper – vor mehr als 200 Milionen Jahren, ist der älteste Abschnitt des Erdmittelalters oder Mesozoikum.

Wie Dinosaurier zur Zeit des Erdmittelalters aussahen und lebten – das zeigt anschaulich Europas größte Ausstellung von Dinosaurier-Modellen. Im *Neumühlepark* in **Kaiserslautern** kann die Nachbildung eines der ersten Wirbeltiere, das vollkommen an das Leben auf dem Land angepasst war, bewundert werden. Das Skelett des etwa 30 cm langen Dinosauriers Hylonomus fand man in einem zu Steinkohle gewordenen hohlen Baumstumpf. Die Echse muss sich bei der Jagd verirrt haben, konnte nicht mehr entrinnen und starb. Der pflanzenfressende Diplodocus erreichte dagegen gigantische Ausmaße bis zu 27 m. Auf dem Dino-Lehrpfad können 76 Modelle von Dinosauriern, Amphibien, Fischen, Reptilien und frühen Säugetieren bestaunt werden. Info-Tafeln vermitteln Wissenswertes über die Tiere und ihre Lebensbedingungen.

Die Pfälzer Sandsteine haben eine lange Geschichte. Das Gartenschaugelände in Kaiserslautern bezieht mehrere ehemalige Steinbrüche ein. Am markantesten ist der *Steinbruch* der Firma Kroeckel unterhalb des Kaiserberges. Dort sind Sandsteine der Trifels-Schichten zu sehen, die vor etwa 250 Millionen Jahren während des Buntsandstein abgelagert wurden. Der Name kommt von der bekannten Reichsburg bei Annweiler. Dem Steinbruch gegenüber sind in den *Felsen* gehauene *Keller* zu besichtigen, die zeitweise zur Lagerung von Bier dienten.

## Saar – Nahe – Pfalz

■ *Gartenschau Kaiserslautern GmbH,* Turnerstraße 2, 67659 Kaiserslautern, ☎ 0631/7100700, @ info@gartenschau-kl.de, www.gartenschau-kl.de, ⏱ April – Oktober: Mo – Fr 9 – 19 Uhr, Sa, So, Ferien RLP: 10 – 19 Uhr, Hunde nicht erlaubt.

Im Stadtgebiet von Kaiserslautern finden sich zahlreiche gut erhaltene *Sandsteinbauten*. Am ältesten sind die Ruinen der Pfalz von Kaiser Friedrich I. Barbarossa (1152). Eine Mauer mit den typischen staufischen Buckelquadern befindet sich unmittelbar neben dem Rathaus. Auch die Stiftskirche (um 1280) am Marktplatz besteht aus den Gesteinen der Trifels-Schichten. Die Villa des Steinbruchsbesitzer Kroeckel am Stadtpark wurde 1886 erbaut und prachtvoll restauriert.

Mehr als ein Jahrhundert alt sind auch die Bürgerhäuser in der Hackstraße. Erst 1987 wurde der vom Ehepaar Rumpf entworfene Barbarossabrunnen am Ende der Steinstraße eingeweiht.

## 190 Eisenhüttenweg

UTM 32410657 5467654 ▶ 18 km ▶ 5h 15min

Reichhaltige Eisenerzvorkommen und große Waldgebiete in der Umgebung sorgten dafür, dass sich um **Trippstadt** eine bedeutende Industrie entwickelte. Ihre Blütezeit lag um die Mitte des 19. Jahrhunderts. Erst als Steinkohle die Holzkohle im Schmelzprozess ablöste, begann der Niedergang. 1892 wurde der letzte Betrieb des Eisenhüttenwerkes Trippstadt stillgelegt. Im Gebäude der noch voll funktionsfähigen Schmiede Huber ist heute ein *Eisenhüttenmuseum* untergebracht. Es lässt die Glanzzeit der Eisenindustrie mit rund 100 Exponaten und Schautafeln lebendig werden. Das Museum wird durch den im **Karlstal** angelegten *Eisenhüttenweg* ergänzt, der die Relikte ehemaliger Eisenhütten an 12 Stationen erläutert.

Karlstalschlucht.

## Infos

■ *Tourist-Information,* Hauptstraße 26, 67705 Trippstadt,
☏ 06306/341, @ info@pfaelzerwald-touristik.de,
www.pfaelzerwald-touristik.de, ☉ **Museum:** Mai – Sept.: Mo – Fr 8 – 12
und 14 – 16 Uhr, Sa 10 – 12 Uhr, auch nach Voranmeldung,
**Brunnenstollen:** Mai – August nur mit Gruppenführung nach Voranmeldung,
Gruppen (max. 5 – 10 Pers.) mit Schutzkleidung, Mindestalter 15 Jahre.

Der *Trippstadter Brunnenstollen* am **Judenhübel** ist ein begehbarer Wasserumleitungstunnel in Sandsteinen des Buntsandstein (Trias). Ludwig Anton Freiherr von Hacke ließ den Stollen, der das Wasser vom Quellbach- ins Judenhübeltal umleitete, um 1730 bis 1767 anlegen. Noch heute sind die als Trockenmauern mit Gewölbe errichteten Abschnitte und Lüftungsschächte zur Anreicherung des Wassers mit Sauerstoff als besondere Ingenieursleistung zu bewundern. Der Tunnel weist eine Gesamtlänge von knapp 286 m auf. Etwa 198 m davon führen durch den anstehenden Buntsandstein.

**Eisenhüttenmuseum.**

## 191 Burgruine Nanstein

UTM 32396467 5473973

Das weithin sichtbare Wahrzeichen der Stadt **Landstuhl** sind die Felsen mit der Burgruine Nanstein. Die Burg wurde unter Einbeziehung einer Felsengruppe aus rotem Buntsandstein um 1150/1160 durch Kaiser Friedrich Barbarossa erbaut und 1689 von Truppen Ludwig XIV. zerstört. Geologisch interessant ist die im Burggelände zu sehende markante geologische Grenze der

**Ruine Nanstein.**

Schlossbergschichten zur Karlstalfelszone des Buntsandstein. Bei den Schlossbergschichten handelt es sich um gering verfestigte Sandsteine - Dünenablagerungen eines wüstenhaften Festlandes. Die dickbankigen, harten Sandsteine der Karlstalfelszone gelten als Ablagerungen eines Flusssystems mit starker Strömung. Die unterschiedliche Festigkeit der Gesteine wurde beim Bau der Burg berücksichtigt, als man die felsigen Partien für die Kernburg nutzte, während die Kellerräume in den weichen Schlossbergschichten angelegt wurden.

## Saar – Nahe – Pfalz

■ *Tourismus-Büro Landstuhl,*
*Kirchenstraße 41, 66849 Landstuhl,*
☏ *06371/495311, tourismus@landstuhl.de,*
*www.landstuhl.de,* ☉ *täglich außer Mo, Jan. –*
*März: 10 – 16 Uhr, April – Sept.: 9 – 18 Uhr,*
*Okt – Nov.: 10 – 16 Uhr.*

### 192 Elendsklamm

UTM 32388027 5470697 ▶ 50 km ▶ 1h

Das als Naturdenkmal ausgewiesene Geotop in **Bruchmühl-bach-Miesau** umfasst eine drei Kilometer lange Schlucht mit kleinen stufenförmigen Kaskaden und sprudelnden Wasserfällen. Bizarre Verwitterungsformen des harten Sandsteins sowie Block-meere und überhängende Buntsandstein-Wände zeugen von der Kraft des fließenden Wassers, das diese Landschaft formte. Am Fuße der Schlucht befindet sich die Tausendmühle – die einzige noch betriebsbereite historische Getreidemühle aus dem Jahre 1598 im Landkreis Kaiserslautern.

### 193 Hexenklamm

UTM 32393086 5449709 ▶ 1,5 km ▶ 30min

Als größte der Schluchten, die zur Felsalb entwässern, gilt die Hexenklamm zwischen **Pirmasens**-Winzeln und Windsberg. Die wildromantische Schlucht mit ihren typischen Felsauswaschungen und kleinen Wasserfällen ist vom Sportplatz in Gersbach aus er-reichbar. Von einem oberhalb gelegenen Rundweg ist die Klamm einsehbar. Im unteren Bereich kann sie teilweise begangen werden, allerdings nur bei gutem Wetter.

### 194 Quellwanderweg Gersbachtal

UTM 32397399 5446559  ▶ 8 km ▶ 2h 20min

Auf dem Themen-Rundweg südlich von **Pirmasens** mit sieben Stationen lassen sich Felsformationen aus Buntsandstein (Trias-Zeit), und mehrere Meter hohe Sturz- und Sickerquellen erkun-den. Ausgangspunkt der acht Kilometer langen Wanderung ist das Naturfreundehaus Gersbachtal. Das Tal an der Grenze zwischen Pfälzerwald und südwestpfälzischer Hochfläche bietet eine geo-logische Besonderheit: Den markanten Haspelfelsen aus verwit-terungsbeständigen Konglomeraten des Oberen Buntsandstein, dessen Umgebung von großen Gesteinsblöcken übersät ist. Die senkrecht aufragenden Felswände des Gersbachtals bestehen aus Sandsteinen der Felszone des Oberen Buntsandstein. Hier ist auch der bizarre Teufelsfelsen zu bewundern.

## Infos

**»** **Quellen** sind als punktuelle Grundwasseraustritte der Ur-sprung von Fließgewässern. Der häufigste Quelltyp ist die Si-ckerquelle, bei der auf einer wasserundurchlässigen Schicht aufge-stautes Grundwasser meist am Hang diffus austritt. Bei Sturzquellen stürzt das auf einer Schicht gestaute Grundwasser in freiem Fall aus einer Felswand. Im Bundsandstein des Pfälzerwaldes sind Sturzquellen besonders häufig.

## 195 Bärenfelshöhle

UTM 32399217 5453257

Die Bärenfelshöhle im Langenbachtal am nördlichen Stadtrand von **Pirmasens** gilt als besonderes Naturdenkmal und ist mit 37 m Länge, bis zu 25 m Breite und bis neun Meter Höhe die größte Höhle im Pfälzerwald. In den Sandsteinen des Buntsandstein treten natürliche Nischen- und Höhlenbildungen auf, allerdings sind sie meist klein. Sie entstehen, wenn weichere Gesteinsschichten verwit-

Die Bärenfelshöhle.

tern, die von härteren Schichten überlagert werden. Im Schichtpaket des Buntsandstein (Trias) finden sich in den so genannten Zwischenschichten solche porösen, verwitterungsanfälligen Lagen. Sie werden von parallel geschichteten, harten Sandsteinbänken überlagert, welche dann die Überhänge und Höhlendächer bilden.

## 196 Rodalbener Felsenwanderweg

▶ 46 km ▶ 1–2 Tage

Während des Eiszeitalters (Pleistozän) sind durch die Erosion bei **Rodalben** bizarre Felsgebilde aus Buntsandstein-Ablagerungen (Trias) herausmodelliert worden. Der Rundweg durch das Tal der Rodalbe und ihre Seitentäler verbindet über 20 beeindruckende Felsmassive – darunter auch das Wahrzeichen der Stadt Rodalben, den Bruderfelsen. Einige Felshöhlen wie beispielsweise die Bärenhöhle können unterwegs erkundet werden.

Der Bruderfelsen.

## Saar – Nahe – Pfalz

■ *Tourist Information, Gräfensteiner Land,* Am Rathaus 9, 66976 Rodalben, ☎ 06331/234180, @ tourist@rodalben.de, www.rodalben.de
■ *Dahner Burgen,* Verwaltung, ☎ 06391/3650, @ www.dahn.de/burgen.htm, ☉ Karfreitag – Oktober täglich 11 – 17 Uhr.

Der Startpunkt für die Wanderung liegt am südlichen Ortsausgang von Rodalben in Höhe des Ortschildes. Die Route kann an einem Tag begangen werden. Es empfiehlt sich aber, sie auf zwei Tage zu verteilen. Als Ausgangspunkt ist das Hilschberghaus des Pfälzerwaldvereins zu empfehlen. Es liegt am Hang nordöstlich von Rodalben, nur wenige Minuten vom Ortszentrum entfernt.

## 197 Teufelstisch

UTM 32408461 5449900

Teufelstisch.

Eines der bekanntesten Naturdenkmäler von Rheinland-Pfalz erhebt sich auf einem Bergrücken bei **Hinterweidenthal**: Der Teufelstisch – eine Felsformation, deren statisches Gleichgewicht beeindruckt. Knapp 13 m hoch über dem Erdboden findet sich der Tischfelsen, dessen Tischplatte bis zu drei Meter mächtig und zirka 284 Tonnen schwer ist. Sie ruht auf drei Beinen, von denen eines sehr filigran und zerbrechlich wirkt. Der Schwerpunkt des Tisches liegt aber so günstig, dass ein Abkippen der Platte in absehbarer Zeit nicht zu befürchten ist.

Der Teufelstisch ist eine Verwitterungsbildung in roten Sandsteinen der Rehberg-Schichten *(benannt nach dem Ort Rehberg südlich von Annweiler am Trifels)* der Buntsandsteinzeit. Sie sind dafür bekannt, dass die unterschiedliche Härte einzelner Felsbänke *(weiche, dünnschichtige, pfeilerbildende Sandsteinlagen folgen auf harte, verkieselte, Deckplatten bildende Felsbänke)* die Ausbildung tischartiger oder sonstiger merkwürdig geformter Felsbildungen begünstigt.

*Der Teufelstisch* ist von der Straßenkreuzung der Bundesstraßen 10 und 427 in Hinterweidenthal ausgeschildert. Ein kurzer steiler Aufstieg zum bekanntesten Wahrzeichen des Pfälzerwaldes ist über verschiedene Wanderrouten möglich.

## Infos

Trifelskette.

## 198 Burgenmassiv Altdahn/Grafendahn/Tanstein

UTM 32412586 5444835

Die Burganlage.

Das Ensemble Altdahn – Grafendahn – Tanstein in **Dahn** ist die größte *Burganlage* der Pfalz und eine der markantesten Felsenburgen Deutschlands. Auf einer Sandsteinklippe aus fünf Felsen des Mittleren Buntsandstein (Trias) entstanden nacheinander vom 11. bis zum 14. Jahrhundert drei Burgen. Sie sind eindrucksvolle Beispiele für die Felsenburgen des Wasgaus mit in den Fels gehauenen Kammern, Treppen und Gängen sowie Resten von Schild- und Ringmauern. In einem rekonstruierten Burghaus befindet sich ein interessantes *Museum* mit archäologischen Grabungsfunden aus den Burgen.

## 199 Burgruine Drachenfels

UTM 32414466 5441696

Die Burg Drachenfels bei **Busenberg** wurde im 13. Jahrhundert erbaut und 1523 zerstört. Sie wurde um einen schmalen Felsgrat herum gebaut, der sich in zwei Felsgruppen aufgliedert. Die für den Burgbau benutzten Sandsteine weisen teilweise Einlagerungen von Geröllen (Kieselsteinen) auf und sind meist sehr fest. Sie gehören zu den so genannten Trifels-Schichten des Buntsandstein, die in der Pfalz bis zu 150 m mächtig werden. Interessant sind die typischen Kleinverwitterungsformen, die heute am westlichen Treppenaufgang des Hauptfelsens und an der Basis des Gipfelfelsens zu beobachten sind (Netzleisten- und Wabenverwitterung).

Ruine Drachenfels

## Saar – Nahe – Pfalz

■ *Dahner Burgen,* Verwaltung, ✆ 06391/3650, @ www.dahn.de/burgen.htm, ☉ *Karfreitag – Oktober täglich 11 – 17 Uhr.*

Der Jungfernsprung (70 m hoch) in **Dahn** gehört zu den zahlreichen Buntsandstein-Felsen, die für den Wasgau, den Südteil des Pfälzerwaldes, typisch sind. Weil die Gegend um Dahn besonders reich an solchen Felsen ist, wird sie auch Dahner Felsenland genannt.

Beim Jungfernsprung handelt es sich – wie bei den anderen Felsen der Region auch – um verwitterungsbeständigen Sandstein des Mittleren Buntsandstein (Trias). Stellvertretend für die zahlreichen beeindruckenden Felsbildungen im Wasgau wird er hier vorgestellt: Der Felsen tritt schroff und leicht getreppt aus dem Wieslautertal hervor. Er ist für den Wanderer von der Bergseite her erschlossen. Auf seinem Gipfel gibt es eine für Besucher gesicherte, exponierte Aussichtsplattform. Im Sommer ist der sagenumwobene Fels regelmäßiges Ziel von Kletterern: Einst soll eine Jungfrau auf der Flucht vor ihrem Verfolger vom Fels gesprungen und wohlbehalten im Talgrund, angekommen sein, so die Sage... An der Aufsprungstelle fließt seither eine Quelle.

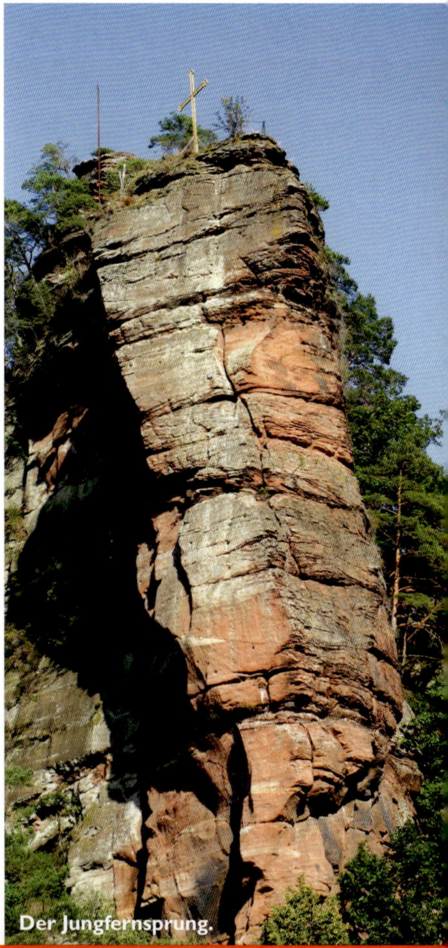

Der Jungfernsprung.

## Infos

■ *Tourist-Information Dahner Felsenland,*
*Schulstraße 29, 66994 Dahn,* ☏ *06391/5811,* @ *info@dahner-felsenland.de,*
*www.dahner-felsenland.net*

## 201 Geologischer Lehrpfad

UTM 32413585 5439342

 ▶ 3 km ▶ 1h

Die Umgebung von **Bundenthal** ist ein Hochplateau über dem unteren Wieslautertal. Von hier hat man eine herrliche Aussicht in den Wasgau. Die Fladensteine bilden eine aus dem Plateau herausragende, mächtige Felsbastion aus Sandstein des Mittleren Buntsandstein (Trias). Auf deren Südost-Seite verläuft der Lehrpfad „Rund um die Fladensteine". Ausgangspunkt für die drei Kilometer lange Wanderung ist der Parkplatz beim Sportplatz in Bundenthal. Zu Beginn des Weges sind typische Pfälzer Gesteine von verschiedenen Fundstellen in der Pfalz aufgestellt. Es folgen Info-Tafeln zur Geologie des Buntsandstein, zur Tier- und Pflanzenwelt an den Felsen und zum Klettern. Der kurzweilige Pfad führt direkt an den über 25 m hohen Felsen vorbei und bei schönem Wetter offenbart er das emsige und leidenschaftliche Treiben der Sport- und Hobbykletterer.

## 202 Besucherbergwerk Nothweiler

UTM 32413152 5435562

Das technische Kulturdenkmal „St. Anna"-Stollen in **Nothweiler** ist eine ehemalige Eisenerzgrube. Am Kolbenberg wurde Brauneisenstein (Limonit) auf Erzgängen in Sandsteinen des Buntsandstein (Trias) abgebaut. Bereits in keltischer Zeit hatte man hier Eisenerz im Tagebau gewonnen. Die Untertageförderung begann 1582. Ab 1838 führte die Familie Gienanth das Bergwerk zu großer Blüte, bis es 1883 aus wirtschaftlichen Gründen geschlossen werden musste. Die Erzgewinnung erfolgte ausschließlich in Handarbeit. Heute ist mit 420 m Länge nur ein kleiner Teil der einst ausgedehnten Stollen, Hallen und Schächte für Besucher zugänglich. Höhepunkte der Besichtigung sind die bis zu 500 Kubikmeter großen Weitungen (▶ Seite 207) mit angestrahlten farbenprächtigen Eisenerzbildungen.

# Saar – Nahe – Pfalz

■ *Tourist-Information Dahner Felsenland,* Schulstraße 29, 66994 Dahn, ✆ 06391/5811, @ info@nothweiler.de, www.nothweiler.de/erzgrube.html, ☼ April – Okt.: Di – So 10 – 18 Uhr, Gruppen nach Voranmeldung ✆ 06394/5354 oder 1202

UTM 32429218 5452262

Der Gneis von Albersweiler ist das älteste Gestein des Pfälzerwaldes und vermutlich mehr als 430 Millionen Jahre alt. Der
rötlich-graue Gneis wird von fast senkrecht stehenden Gängen
eines schwarzen Gesteins (Lamprophyr) durchsetzt. Nach oben
hin finden sich ein ebenfalls dunkel gefärbter Lavastrom des Rotliegend und rote Sandsteine aus der gleichen geologischen Epoche.
Von der Ortsmitte in **Albersweiler** führt ein kurzer Wanderweg
bergauf an der Ostseite des Steinbruches Albersweiler entlang.
Von hier oben bekommt man einen Einblick in den 150 m tiefen Abbau. Dessen tiefster Punkt liegt etwa 30 m unterhalb des
Rheinwasserspiegels bei Wörth.

Steinbruch Albersweiler.

## Infos

**»** **Weitungen** sind große untertägige Abbauhohlräume im Bergbau.

# 45 Schätze des Landes

- ▶ 16 Wanderungen
- ▶ 15 Museen
- ▶ 14 Naturdenkmäler
- ▶ 7 Bergwerke
- ▶ 3 Autotouren
- ▶ 1 Industriedenkmal

## INFOS

■ *Touristinformation*
*Deutsche Edelsteinstraße*
*Brühlstraße 16*
*55756 Herrstein*
☏ *06785/79103 und 79104*
🖷 *06785/79120*
@ *info@edelsteinstrasse.de*
*www.edelsteinstrasse.de*

■ *Naheland-Touristik GmbH*
*Bahnhofstrasse 37*
*55606 Kirn Nahe*
☏ *06752/137610*
🖷 *06752/137620*
@ *info@naheland.net*
*www.naheland.net*

■ *Pfalz-Touristik e.V.*
*Martin-Luther-Str. 69*
*67433 Neustadt/Weinstrasse*
☏ *06321/3916-0*
🖷 *06321/3916-19*
@ *info@pfalz-touristik.de*
*www.pfalz-touristik.de*

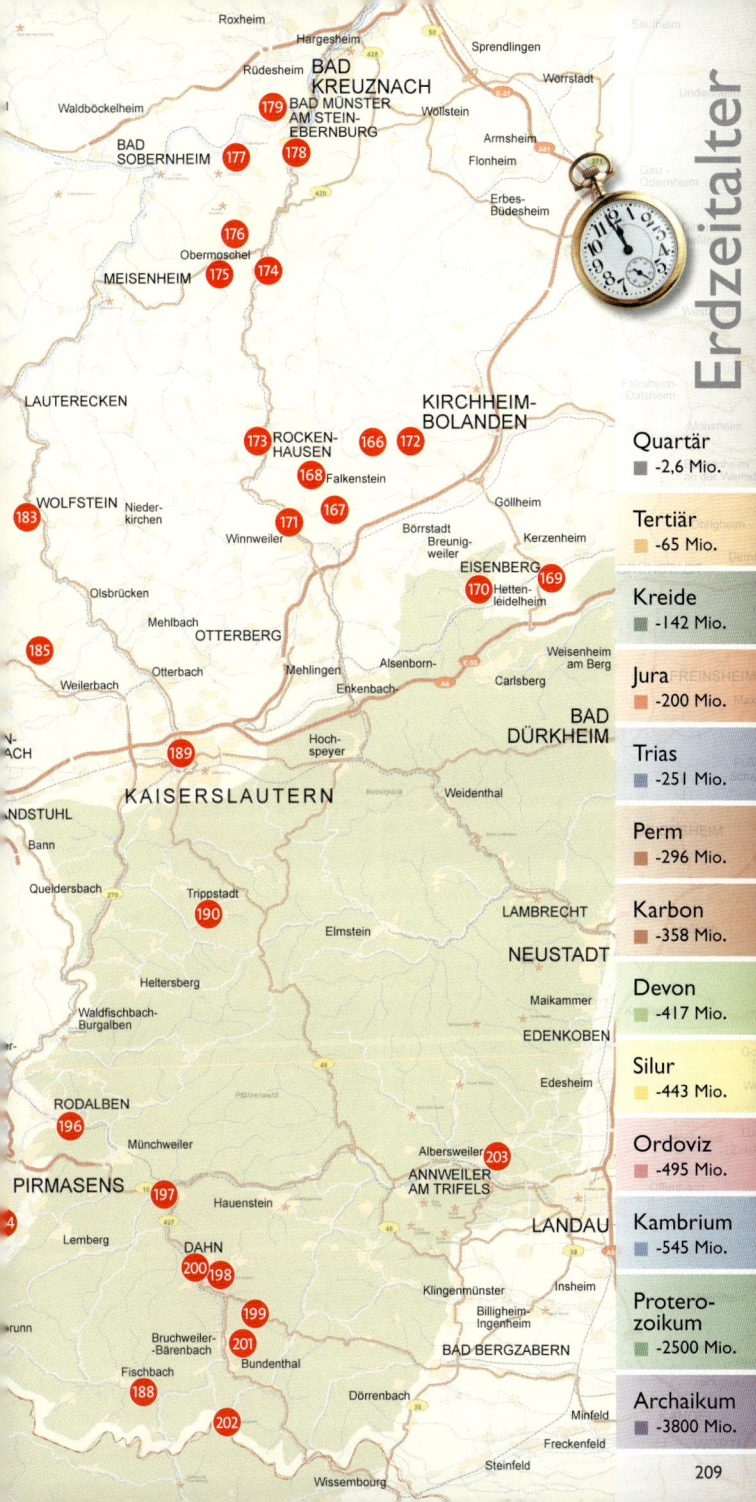

Quartär
-2,6 Mio.

Tertiär
-65 Mio.

Kreide
-142 Mio.

Jura
-200 Mio.

Trias
-251 Mio.

Perm
-296 Mio.

Karbon
-358 Mio.

Devon
-417 Mio.

Silur
-443 Mio.

Ordoviz
-495 Mio.

Kambrium
-545 Mio.

Protero-
zoikum
-2500 Mio.

Archaikum
-3800 Mio.

## Meeresstrand ▶ 214

## Oppenheim

## Graben-Bruch ▶ 222

Meeresablagerungen am Steigerber

# Mainzer Becken – Oberrheinebene

💎 **19 Schätze des Landes entdecken**

▶ **8 Naturdenkmäler**

▶ **7 Museen**

▶ **4 Wanderungen**

# Rhein Wein
# Rhein Kies
# Rhein Gold

elsheim.

Seekühe, Riesenhaie und „Grenz-Steine" – die Erdgeschichte vom Mainzer Becken und dem Oberrheingraben ist voller spannender Episoden. Entlang der Küste eines subtropischen Meeres, auf den Spuren des Schreckenstieres, auf den Dünen von Speyer oder am Rand des Grabenbruches – überall gibt es Geologie zum Anfassen!

Im Mainzer Becken und Oberrheingraben sind die jüngeren Abschnitte der Erdgeschichte in Rheinland-Pfalz zu finden: Es sind überwiegend Ablagerungsgesteine aus dem Tertiär und Quartär (▶ Seite 25). Naturräumlich bildet das Mainzer Becken das Rheinhessische Tafel- und Hügelland. Besonders augenfällig sind die Plateauflächen, die Höhen zwischen 100 und 270 m ü. NN erreichen: Die Plateaus werden von relativ verwitterungsbeständigen Kalksteinen gebildet. Darunter liegen weichere, mergelige, tonige und sandige Gesteine *(Mergel ist ein Sediment, das aus Ton und Kalk besteht)*, die in den Tälern abgetragen und ausgeräumt wurden. An vielen Stellen führt diese geologische Situation zu teilweise ausgedehnten Hangrutschungen. Im Süden haben wir großflächig von Löß überdecktes Hügelland. Auf den fruchtbaren Böden des Mainzer Beckens entwickelte sich eine Ackerbaulandschaft. Dort spielt der Weinbau eine bedeutende Rolle.

Das Mainzer Becken ist die Westflanke des nördlichen Oberrheingrabens, dessen rheinland-pfälzischer Anteil sich vom Südrand des Hunsrück und Taunus zwischen Bingen und Mainz bis zur elsässischen Grenze im Süden erstreckt. Im Westen wird er vom Pfälzerwald und dem Pfälzer Bergland, im Osten vom Rhein begrenzt. Von der Rheinniederung in etwa 100 m Höhe steigt das Gelände sanft nach Westen an und erreicht am Haardtrand Höhen von 300 m.

Der Ursprung des Oberrheingrabens liegt bereits viel früher in der Erdgeschichte. Schon lange vor dem Tertiär bestand in Europa eine Schwächezone, die vom Mittelmeer bis Norwegen reichte und die vor etwa 55 Millionen Jahren aufriss. Im Zentrum sank die Erdkruste schollenartig nach und nach einige Kilometer tief ein. So bildete sich ein Graben von rund 300 km Länge und durchschnittlich 35 km Breite. Gleichzeitig zu dem Absenken der Erdkruste sorgten Ablagerungen für eine Auffüllung des Grabens. Flüsse und

## Stichwort
# Geologie & Landschaft
## MAINZER BECKEN UND OBERRHEINGRABEN

Bäche transportierten große Sediment-Mengen aus den Randgebirgen in den Rheingraben, der schließlich ein Sedimentpaket von etwa 3.000 m Mächtigkeit aufgenommen hat. *(Sedimente sind Ablagerungen von abgetragenem älteren Gesteinsmaterial).* Auch heute finden noch Krustenbewegungen statt, die sich häufig durch schwache Erdbeben bemerkbar machen. Die Senkungen im Graben und Hebungen an den Flanken betragen etwa einen Millimeter im Jahr.

Während des Oligozän (einer Epoche des Tertiär) sank der Oberrheingraben verstärkt ab, so dass das von Süden her vordringende Meer die Gegend um Mainz erreichte. Ein weiterer Meeresvorstoß von Norden über die Hessische Senke bildete schließlich eine Meeresstraße, die Nord- und Südmeer verband. Das Mainzer Becken bildete dabei eine Bucht, in der sich bei subtropischem Klima sogar Seekühe und mehr als zehn Meter lange Haie tummelten.

Die Ablagerungen des Meeres und der Flüsse und Seen führten auch zur Bildung von Bodenschätzen im Oberrheingraben. Kalisalze im Elsaß, Erdöl und Erdgas bei Landau und Eich wurden früher in größerem Umfang gewonnen. Heute ist der Abbau von Kies und Sand ein wichtiger Wirtschaftsfaktor. Als alternative Energiequelle spielt auch die Geothermie (Erdwärme) eine zunehmend wichtige Rolle. Im Oberrheingraben steigt nämlich wegen der besonderen geologischen Situation die Temperatur in der Tiefe schneller an als in anderen Regionen von Rheinland-Pfalz. Nicht zuletzt soll die historische Gewinnung des Rheingoldes genannt werden, das bis heute als kleine Flitterchen in den Ablagerungen des Rheins auftritt.

## Stichwort
# Meeresstrand

In Rheinhessen lässt sich heute noch die Verteilung von Land und Meer im Tertiär (▶ Seite 25) gut nachvollziehen. So sind in der Nähe von Alzey Austernbänke und Brandungsblöcke zu finden. Die Küste des Meeres kann man an Hand der abgelagerten Kiese und Sande rekonstruieren. Aus dem westlichen Mainzer Becken ragten mehrere Rhyolith-Kuppen als Inselarchipel aus dem Meer. Am Steigerberg, eine dieser (tertiären) Inseln, ist ein Brandungs-kliff erhalten. Die Meeresbrandung hat dort die Gesteinsoberflä-che glattgeschliffen und Hohlkehlen herausmodelliert, die noch heute so aussehen, als sei das Meer gerade erst verschwunden. Seine Ablagerungen sind reich an Fossilien, wie Einzelkorallen und etwa 400 verschiedene Muschel- und Schneckenarten. Häufig findet man Haifischzähne, Knochenfisch- oder auch Seekuhreste. Im weiteren Verlauf der Erdgeschichte und nach Auffüllung des Mainzer Beckens floss der Ur-Rhein durch Rheinhessen. In seinen Ablagerungen finden sich die Spuren der damaligen Lebewelt, wie beispielsweise das berühmte Schreckenstier von Eppelsheim (▶ Tipp 204).

## Mainzer Becken – Oberrheinebene

>> **Rhyolith** (▶ Foto rechts) ist ein magma-tisches Gestein mit einem relativ hohen Quarzanteil. Früher wurde das rötlich verwit-ternde Gestein Quarzporphyr genannt.

## 204 Dinotherium-Museum

UTM 32439912 5506221

Vor etwas mehr als 10 Millionen Jahren floss ein Vorläufer des Rheins von Worms nach Bingen quer über das heutige Rheinhessische Plateau und hinterließ Kies- und Sand-Ablagerungen. Beim Abgraben dieser Sedimente fand man 1820 die weltweit ersten Knochen und Zähne eines fossilen Menschenaffen. 1835 bargen der Zoologe Johann Kaup und der Gießener Geologe August von Klipstein als Sensation den vollständigen Oberschädel eines ausgestorbenen Verwandten der Elefanten mit nach unten gebogenen Stoßzähnen im Unterkiefer, dem Di-

Urzeit-Knochen.

notherium giganteum. Auch Knochenreste von Nashörnern, Urpferden und Säbelzahntigern wurden hier nachgewiesen. Das Museum in **Eppelsheim** vermittelt Einblicke in die Erdgeschichte Rheinhessens im späten Tertiär. Ein Abguss des Schädels vom Dinotherium, dem „Schreckenstier", bildet den Mittelpunkt der Ausstellung. Das Original befindet sich im Natural History Museum in London.

## 205 Museum der Stadt Alzey

UTM 32436057 5510920

Das Museum im ehemaligen städtischen Hospital in **Alzey** zeigt die Natur- und Kulturgeschichte Rheinhessens mit dem Schwerpunkt Mainzer Becken. Dieses war zur Tertiär-Zeit (▶ Seite 25) ein subtropisches Binnenmeer. Die Ablagerungen des Meeressandes dokumentieren eindrucksvoll die einstige Artenfülle mit zahlreichen Haifisch- und Fischarten, Korallen, Seeigeln und mikroskopisch kleinen Foraminiferen (*schalentragende einzellige Lebewesen*). Die Stammesgeschichte der Seekühe und ein vollständig erhaltenes Seekuhskelett werden präsentiert. In der Systematischen Sammlung können Besucher auch ihre eigenen Fossilfunde bestimmen.

Fossilie: Seekuh-Skelett.

## Infos

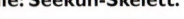

■ *Dinotherium-Museum,* Rathaus, Zwerchgasse 17, 55234 Eppelsheim, ☎ 06735/8135, @ www.eppelsheim.de, ☉ jeden 1. Mi 18 – 20 Uhr und 3. So im Monat 10 – 12 Uhr, Gruppen nach Voranmeldung.
■ *Museum der Stadt Alzey,* Antoniterstraße 41, 55232 Alzey, ☎ 06731/498896, @ museum@alzey.de, www.museum-alzey.de, ☉ Di – So 10 – 12 und 14 – 16.30 Uhr.

UTM 32433128 5510151

Spurensuche am Meeresboden: Das in **Alzey-Weinheim** auf der Ostseite des Taleinschnittes zwischen dem Kessel- und Hahnberg liegende Naturdenkmal gehört seit den 1830er Jahren zu den klassischen Fossilfundstellen des Meeressandes des Mainzer Beckens (frühes Tertiär). Hier sind die artenreichsten Vorkommen aus jener Zeit erhalten: Allein etwa 300 Arten von Muscheln und Schnecken. In die abwechselnd aus mittel- und feinkörnigen Sanden bestehenden Ablagerungen sind vier gröbere Lagen eingeschaltet, die stellenweise brotlaib- bis kugelförmig verkittet sind. Hierbei handelt es sich um Sedimente des Strandabhanges unterhalb der Wellenbasis. Eine Schautafel informiert über die Geologie und Ruhebänke laden zum Verweilen ein.

**Historischer Strandabhang.**

## 207 Steigerberg

UTM 32426714 5515642

Geologisch lag der *Steigerberg* im frühen Tertiär im westlichen Randbereich des vom Meer überfluteten Mainzer Becken. Kleine Rhyolith-Kuppen des Kreuznacher Massivs (Perm) bildeten einen Insel-Archipel, zu dem auch der Steiger-

**Brandungskliff in Eckelsheim.**

berg in **Eckelsheim** gehörte. Die Strandablagerungen entlang der Brandungsküste bestehen aus grobkörnigen Meeressanden, die durch Verwitterung von Rhyolith entstanden sind. Vor wenigen Jahren war ein Abschnitt der Felsküste aus Rhyolith zugänglich (▶ Seite 214) und

# Mainzer Becken – Oberrheinebene

■ *Trift,*
@ *www.az-weinheim.de,*
*www.lgb-rlp.de*

**Luftbild vom Steigerberg.**

*Meeressand in Eckelsheim.*

bot Einblicke in den typischen Formenschatz eines Brandungskliffs mit Brandungshohlkehlen, Strudellöchern, Brandungsterrassen und fossilen Wasserstandsmarken. Bemerkenswert ist der gute Erhaltungszustand der hier gefundenen Fossilien, vor allem Korallen, Muscheln und Schnecken, Seeigel, Fische, Reptilien (Schildkröten, Krokodile) sowie Haie (nur Zähne erhalten) und Säugetiere (Seekühe, Nashörner). Heute ist das Kliff zu seinem Schutz mit Sand überdeckt, allerdings kann man vom Rand der Sandgrube aus die Meeresablagerungen gut erkennen und studieren. Ein kleines fossiles *Brandungskliff* ist unweit von **Siefersheim** aufgeschlossen und für Interessierte zugänglich.

## 208 Wißberg

UTM 32427891 5523649

Am Wißberg in **Sprendlingen** können exemplarisch die Landschaftsformen des Rheinhessischen Plateaus und ihre Entstehung erkundet werden. Während das Plateau aus Kalksteinen des so genannten Kalk-Tertiärs besteht, sind die sanften Hänge aus den darunter liegenden Gesteinen des Mergel-Tertiärs aufgebaut. Einige Stationen gewähren Einblicke in die Geologie: so die ehemalige Ziegelei Sprendlingen mit meterhohen Lößwänden der letzten Kaltzeit oder der Blick vom Weinheimer Weg auf den Plateaurand und den Steilhang mit Geländestufe. An der Südseite des Wiß-berg-Plateaus ist eine ausgedehnte Rutschfläche im Mergel-Tertiär zu sehen, unweit davon befindet sich eine Fundstelle von Bohnerz-Geröllen (Brauneisenstein) aus dem späten Tertiär. Am Kisselberg finden sich rostfarben gestreifte Dinotherien-Sande des Urrheins.

*Lößwand bei Sprendlingen.*

## Infos

*Der Wißberg.*

■ *Rheinhessische Toscana e.V.,*
*Touristik- und Gewerbeverein*
*in der Verbandsgemeinde Sprendlingen-Gensingen,*
*Elisabethenstraße 1, 55576 Sprendlingen,*
☎ *06701/20146,*
@ *info@rheinhessischetoscana.de,*
*www.rheinhessischetoscana.de*

## 209 Geoökologischer Lehrpfad

UTM 32429592 5534365

 ▶ 7,5 km ▶ 2h 20min

**Blick auf Gau-Algesheim.**

Mit dem Bohrstock auf Erd-zeitreise: Der am Graulturm (Festplatz) in **Gau-Algesheim** beginnende Lehrpfad am Rand des Rheinhessischen Hügellandes führt durch eine vielfältig genutzte Landschaft mit Wein-, Obst- und Acker-bau, Viehwirtschaft und Wald. Auf dem Rundweg erleben Wanderer an 15 Stationen einen abwechslungsreichen Gesteins- und Bodenaufbau, begegnen seltenen Pflanzen- und Tierarten und genießen herrliche Ausblicke zum Rheintal, Rheingau, Taunus und Hunsrück. Wanderer können die Bodenprofile nicht nur betrachten, sondern selbst mit dem Bohrstock (vor Ort ausleihbar) erkunden.

## 210 Paläontologisches Museum

UTM 32452327 5524940

Im Alten Rathaus in **Nierstein** wird eine umfang-reiche und beeindruckende Fossiliensammlung aus allen Erdzeitaltern präsentiert. Ein Schwerpunkt der geologischen Zeitreise durch die vier Museums-räume ist die erdgeschichtliche Entwicklung der Gegend um Nierstein. Beeindruckend sind die Funde aus dem Rotliegend (Perm) – mit einer Vielzahl von Tierfährten, fossilen Pflanzen sowie Fischen und Amphibien aus dem Saar-Nahe-Bergland. Sehens-wert sind auch die Fische aus dem Devon Schott-lands, Muscheln und Schnecken aus dem frühen Tertiär des Pariser Beckens oder aus Süd-Frank-reich. Aus Rheinhessen sind vielfältige Insekten der Voreiszeit oder versteinerte Hölzer zu bewundern.

**Versteinerte Fährte.**

## Mainzer Becken – Oberrheinebene

■ *Geoökologischer Lehrpfad,*
@ www.gau-algesheimvg.de
■ *Paläontologisches Museum,* Marktplatz 1,
55283 Nierstein, ✆ 06133/609462,
@ fossilien@museumnierstein.de,
www.museum-nierstein.de, ☉ So 11 – 16 Uhr,
jederzeit nach Voranmeldung (▶ Foto rechts).

Der Rote Hang bei **Nierstein** ist aus roten Ton- und Sandsteinen aufgebaut. Sie sind etwa 280 Millionen Jahre alt und wurden im Rotliegend (▶ Seite 25) abgelagert: Damals gab es noch keine großen Saurier auf der Erde und bis zum Auftauchen der ersten Menschen sollten noch 278 Millionen Jahre vergehen. Im Raum Nierstein herrschte zu dieser Zeit ein subtropisches trocken-heißes Klima. Mindestens 770 Meter mächtig ist die Serie aus Sand- und Tonsteinen, in die dünne kalkige Bänder eingelagert sind. Während der untere und mittlere Teil dieser Serie als Ablagerung von stehendem oder nur schwach bewegtem Wasser angesehen wird, ist der obere Teil vermutlich durch Windablagerung entstanden. Die rote Farbe ist auf Eisenverbindungen (Hämatit) zurückzuführen, die sich unter den subtropischen Klimaverhältnissen gebildet haben. Südlich des Rehbacher Steigs kann man einen geologischen Aufschluss betrachten, der den Blick wie durch ein Fenster in die Erdgeschichte auf die Sand- und Tonsteinabfolgen des Rotliegend lenkt. Hier können Rippelmarken *(versteinerte Wellen)* studiert werden, die durch fließendes Wasser entstanden sind. Mit etwas Glück findet man Pflanzenreste oder Spuren von Tieren, die an dieser Stelle durch den roten Schlamm gelaufen sind.

Der Rote Hang.

## Infos

■ *Roter Hang,*
www.rheinhessen-info.de,
www.roter-hang.de

Der Rote Hang am Rhein.

Schräg gestellte Schichten und an tektonischen Verwerfungen auseinander gerissene Gesteine zeugen von der bewegten Vergangenheit des Roten Hanges. Denn Bewegungen in der Erdkruste sind dafür verantwortlich, dass die roten Gesteine heute an der Erdoberfläche auftreten. Sie wurden erst während der letzten zwei Millionen Jahre in der Eiszeit herausgehoben. Aber nicht nur geologisch interessant ist der Rote Hang: Hier gedeihen heute auch ausgezeichnete Weine.

## 212 Steinbruch Weisenau

UTM 32450659 5536319  ▶ 1,5 km ▶ 30min

Der Steinbruch als Naturoase: Die Gewinnung von Kalksteinen aus dem Tertiär bei **Mainz-Weisenau** begann bereits 1839. 1864 erfolgte die Gründung der Portland Zementfabrik und in der Folge prägte die Kalksteingewinnung und -verarbeitung Weisenau bis zu Beginn des 21. Jahrhunderts. Ein Teil des stillgelegten Steinbruchs wurde zu einem Naherholungsgebiet umgestaltet. Vom Parkplatz „Zementwerk" an der Wormser Straße gelangt man entlang der Straße Richtung Mainz zu einem Fußweg, dem man bis zum Hinweisschild Richtung Großberg folgt. Nach wenigen Metern gelangt man über den „Höhenweg" auf dem Steinbruchgelände zum oberen Tor und damit zu einem ersten Überblick.

Im weiteren Verlauf informieren Tafeln über die Geschichte des Zementwerkes Weisenau, über Geologie und Schichtenfolge in den Steinbrüchen von Weisenau und Laubenheim sowie über die Naturoase Steinbruch. Der Rundweg führt an den alten Abbauwänden und einem Biotop vorbei ehe es zurück zum Ausgangspunkt geht.

Fossile Schnecken (Hydrobien).

## Mainzer Becken – Oberrheinebene

UTM 32447757 5539308

**Das Skelett eines Wollnashorns.**

Berühmte „Findlinge": Das größte naturkundliche Museum in Rheinland-Pfalz erlangte überregionale Bekanntheit durch seine Ausgrabungen an der berühmten Fundstelle Nierstein (Tierfährten der Rotliegend, Perm), am Wißberg bei Sprendlingen (Dinotheriensande, Tertiär), in Mainz-Kastel (Flora in Hydrobienkalken, Tertiär) und in der Ziegeleigrube Wallertheim (Jagdstelle des Neandertaler). Durch die laufenden Grabungen im Eckfelder Maar bei Manderscheid/Eifel (Eozän, Tertiär) ist eine weitere international berühmte Fauna und Flora hinzugekommen – unter anderem entdeckte man vollständige Skelette von Urpferden und die älteste Honigbiene der Welt. In der Dauerausstellung in **Mainz** finden Besucher heute Darstellungen zur Entwicklungsgeschichte der Erde und des Lebens. Die Entstehung der Landschaften in Rheinland-Pfalz wird anschaulich erläutert. Der Geologie und Fauna des Mainzer Beckens (Tertiär) sind ebenso wie der eiszeitlichen Tierwelt – mit Steppenelefant, Riesenhirsch, Wollnashorn, Moschusochse und Wasserbüffel – eigene Bereiche gewidmet. Eine beeindruckende Mineraliensammlung gibt einen Überblick über die Bodenschätze des Landes wie Quecksilber aus der Nordpfalz, Achate aus Idar-Oberstein oder Erze aus den ehemaligen Bergrevieren von Hunsrück und Eifel.

## Infos

■ *Naturhistorisches Museum* ( ▶ *Fotos links*),
*Reichklarastraße 10, 55116 Mainz,*
☏ *06131/122646,*
@ *naturhistorisches.museum@stadt.mainz.de,*
*www.staff.uni-mainz.de/lsnhmmz,* ☉ *Di 10 – 20 Uhr,*
*Mi 10 – 14 Uhr, Do – So 10 – 17 Uhr.*
*Führungen nach Voranmeldung* ☏ *06131/122913.*

Fluorit.

Stichwort
# Graben-Bruch

Der Oberrheingraben ist landschaftlich deutlich vom Pfälzerwald abgegrenzt, der sich westlich anschließt. Man kann sehr gut
erkennen, dass sich hier die Erdkruste eingesenkt hat. In seiner
55 Millionen Jahre andauernden Geschichte wurde der Oberrheingraben mit einer Vielzahl unterschiedlicher Sedimente
gefüllt, die aus Flüssen, Seen und zeitweise aus dem Meer des
Tertiär (▶ Seite 25) stammen. Landschaftsprägend waren schließlich die klimatischen Veränderungen zu Beginn des Quartär: Es
bildeten sich zahlreiche Lockergesteine, darunter Fluss- und
Windablagerungen oder Abschwemmungssedimente. Während
der Kaltzeiten bedeckten dann mächtige Lößablagerungen Teile
der Region. Der kalkhaltige Staub entstand durch Verwitterung
der meist vegetationslosen Rheinniederung und des Saar-Nahe-
Gebietes – und wurde flächenhaft abgelagert. Flugsand hat als
späteiszeitliche Ablagerung im Oberrheingraben und im Mainzer
Becken riesige Dünenfelder aufgebaut. Noch heute füllen die Ablagerungen des Rheins und seiner Nebenflüsse den Graben auf.

## Mainzer Becken – Oberrheinebene

Grabenstruktur.

## 214 Ökolehrpfad Guntersblum

UTM 32456232 5517448  ▶ 3 km ▶ 1h

In **Guntersblum** verbindet der als Rundkurs verlaufende Lehrpfad für Jung und Alt eindrucksvoll an 12 Stationen Naturerlebnis
mit Wissen. Dabei steht das Miteinander von Landwirtschaft,
Naturschutz und Wassergewinnung im Mittelpunkt. Info-Tafeln am
Wegesrand erläutern anschaulich hydrogeologische oder ökologische Prozesse und ihre Wechselwirkungen. Der Start für die
drei Kilometer lange Strecke liegt an der Rheinfähre Guntersblum.

## 215 Hohlwegeparadies

UTM 32452129 5513193

Während der Kaltzeiten des Eiszeitalters (Pleistozän) wurde
vielerorts in Rheinhessen meterhoher Löß abgelagert, staubfeine
Sedimente, die durch den Wind heran transportiert wurden. Die
Hohlwege im Löß bei **Alsheim** sind über sechs Routen er-
schlossen. Neben der interessanten Geologie sind es besonders
die speziell angepassten, sonst sehr seltenen Pflanzen (wie die
Steppenhexe) und Lebewesen (wie Dachs oder Steinkauz), die das
Hohlwegeparadies zu einer besonderen Naturattraktion machen.

Hohlweg in Alsheim.

## Infos

■ *Wasserversorgung Rheinhessen GmbH,*
*Rheinallee 87, 55294 Bodenheim,*
☏ *06135/730,*
@ *www.wasserversorgung-rheinhessen.de*
■ *Hohlwegegruppe Alsheim,*
☏ *06249/804999,* @ *www.rheinhessen.info*

Kinder am Ökolehrpfad.

## 216 Museum der Verbandsgemeinde Eich

UTM 32454944 5514422

Heimatkunde hautnah: Im Eiszeit-Raum des ehemaligen Schulhauses in **Gimbsheim** werden der Oberrheingraben und seine tektonische Entwicklung sowie die Entstehung und Gewinnung heimischer Rohstoffe wie Sand, Kies, Erdöl und Erdgas anschaulich präsentiert. Der Kiesabbau hat in der Region eine Vielzahl von Knochen eiszeitlicher Tiere ans Tageslicht gefördert. Höhepunkt ist ein Mammut-Skelett,

Mammut-Skelett.

das ebenso wie die Schädel von Wollnashorn, Bison, Rothirsch oder Auerochse hier gezeigt wird. Auf einem Landschaftsbild wird die Tierwelt der Kalt- und Warmzeiten (Pleistozän) erläutert. Weitere Themen im Museum sind Löß, Flugsanddünen und Böden. Archäologische Funde aus der Jungstein- und Römerzeit sowie eine Schiffsmühle aus dem 8. Jahrhundert runden die Ausstellung ab.

## 217 Pollichia-Museum

UTM 32438361 5479078

Wein und Wissenschaft: In Bad Dürkheim steht nicht nur das größte Fass des Landes, sondern im *Museum für Naturkunde* in **Bad Dürkheim-Grethen** können sich Besucher anschaulich über die Geologie der Pfalz und deren heimische Tier- und Pflanzenwelt informieren. Auch ökologische Zusammenhänge in der Natur sowie das Biosphärenreservat Pfälzerwald-Nordvogesen werden im Pfalzmuseum vorgestellt. So ist der Georg von Neumayer-Saal der naturwissenschaftlichen Erforschung der Pfalz und dem bedeutenden Geophysiker und Polarforscher Georg Balthasar von Neumayer (*1826 Kirchheimbolanden, †1909 Neustadt a. d. Weinstraße) gewidmet. Weitere Höhepunkte des Museums sind die große Mineralienausstellung und die sehr umfangreichen Sammlungen zu Geologie, Flora und Fauna von Rheinland-Pfalz.

# Mainzer Becken – Oberrheinebene

■ *Museum der Verbandsgemeinde Eich,* Hauptstraße 10, 67578 Gimbsheim, ◉ 06249/6394, @ guntermahlerwein@aol.com, www.museum-vg-eich.de, ☉ So 14 – 18 Uhr, jederzeit nach Voranmeldung.
■ *Pfalzmuseum für Naturkunde (POLLICHIA-Museum)* Hermann-Schäfer-Straße 17, 67098 Bad Dürkheim, ◉ 06322/94130, @ info@pfalzmuseum.bv-pfalz.de, www.pfalzmuseum.de
☉ Di – So 10 – 17, Mi 10 – 20 Uhr, Bibliothek zeitgleich und nach Voranmeldung.

## 218 Rheingrabenrand

UTM 32440147 5474402

Geologische Grenze: An einer Hohlwegböschung am Hahnen-Bühl bei **Forst** sind über Sandsteinen des Mittleren Buntsandstein (Trias) Löß-Ablagerungen und umgelagerte Sedimente mit darin eingeschalteten fossilen Böden zu erkennen. Hier ist ein beispielhaft aufgeschlossener Versatz der Schichten an einer Verwerfung des Oberrheingrabenrandes zu sehen – gewissermaßen ein „Grenz-Stein" zwischen zwei geologischen Großeinheiten.

Grenze Graben und Grabenrand.

## 219 Speyerer Dünen

UTM 32456662 5464814

Eine Wüstenlandschaft am Rhein: Im Wald zwischen **Speyer** und **Dudenhofen** hat sich in der Eiszeit (Pleistozän, ▶ Grafik Seite 25) ein fast 12 Quadratkilometer großes Dünenfeld ausgebildet. Die größte langgezogene Einzeldüne (Ameisenbuckel) ist nahezu vegetationsfrei. Sie besitzt eine Ausdehnung von etwa 250 m Länge, 30 m Breite und sechs Meter Höhe und ist wohl die eindrucksvollste Düne in Rheinland-Pfalz. Das Dünenfeld liegt im Einzugsbereich des Speyerbachschwemmfächers (▶ unten). Zum Ende der letzten Kaltzeit wurden Sande des Schwemmfächers aufgrund der fehlenden Vegetation durch Starkwinde oder Stürme zu Dünen aufgehäuft. Erst mit Beginn der Vegetationsphase kam die Dünenbildung zum Erliegen und die Sandflächen wurden stabilisiert. Neben der interessanten Geologie ist auch das außergewöhnliche, wüstenhafte Sandbiotop nahezu einzigartig in Rheinland-Pfalz.

Düne in Speyer.

## Infos

 **Schwemmfächer** entstehen durch Ablagerungen von Sedimenten verschiedener Korngrößen, meist durch Flüsse.

## 220 Wein- und Steinlehrpfad

UTM 32434764 5460833

► 1,5 km ► 30min

Geologie und Wein auf Schritt und Tritt: Ausgangspunkt der Genuss-Tour, ist das „Bildhäusel", eine Flurkapelle am Ortseingang

Weinbergsboden.

von **St. Martin**. Die Verknüpfung von Wein und Bodenbeschaffenheit wird anhand von 18 Rebsorten aufgezeigt, denen jeweils ein Stein oder Mineral zugeordnet wurde. So ist der Grauburgunder mit dem Pfälzer Muschelkalk (Trias) verknüpft, der dieser Rebsorte ihren typischen Charakter verleiht. Drei für St. Martin typische Gesteine, dunkler Gneis (Ordovizium-/Silur), rötlicher Buntsandstein (Trias) und gelblich-weißer Kalkstein (Tertiär) stehen am Weg in Drahtkörben in der Reihenfolge ihres Alters übereinander gestapelt.

## 221 Granit-Steinbrüche Edenkoben

UTM 32433857 5459195

Versteckte Schätze: Am rechten Ufer des Triefenbachs, am Fuß der Ludwigshöhe in Edenkoben, liegen drei kleine aufgelassene Steinbrüche. Sie erschließen Granit, der zeitgleich mit der variskischen Gebirgsbildung des Rheinischen Schiefergebirges in das Grundgebirge eingedrungen war. Hier am Rand des Oberrheingrabens ist durch Hebung der Randschollen des Grabens in tiefen Taleinschnitten das Grundgebirge freigelegt. Der Granit ist schon während des späten

Im Triefenbachtal.

Rotliegend unter subtropischem Klima tiefgründig verwittert. Es handelt sich um einen so genannten Zwei-Glimmer-Granit mit rostig verwittertem Biotit-Glimmer und farblos-weißlichem Muskovit-Glimmer. Stellenweise wird das Gestein von schmalen feinkörnigen, hellen Gängen durchsetzt. Granit kommt in Rheinland-Pfalz selten vor.

## Mainzer Becken – Oberrheinebene

■ **Büro für Tourismus,** Kellereistr. 1, 67487 St. Martin, ☎ 06323/5300, @ vamt-stmartin@t-online.de, www.maikammer.de
► Foto rechts: Wein- und Steinlehrpfad.

# 222 Ziegeleimuseum Jockgrim

*UTM 32446995 5438407*

Das Museum in **Jockgrim** dokumentiert die rund 100jährige Geschichte der Herstellung von Ziegeln und anderen Tonerzeugnissen der ehemaligen Falzziegelfabrik Carl Ludowici, ehemals Marktführer in Europa. Die Ausstellung zeigt die Entstehung eines Ziegels vom natürlichen Rohstoff Ton bis zum fertigen Endprodukt. Ein Film führt die Produktionstechnik des Jahres 1926 vor. Weiterer Höhepunkt ist der teilweise erhaltene, begehbare Ringofen, der ursprünglich 90 m lang und sechs Stockwerke hoch war. Im Außenbereich sind eine Revolverpresse und eine Farbmühle zu sehen. Heute werden für die Denkmalpflege benötigte Dachziegel und Firstschmuck in originalen Pressformen der Firma Ludowici von der Ziegelmanufaktur Ullrich in Forst an der Weinstraße hergestellt.

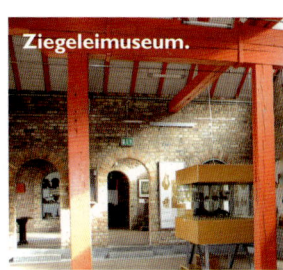

Ziegeleimuseum.

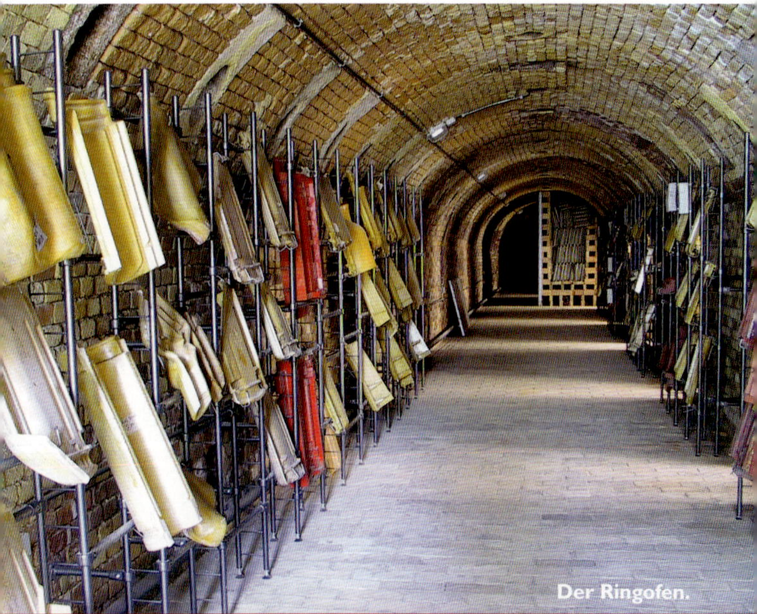

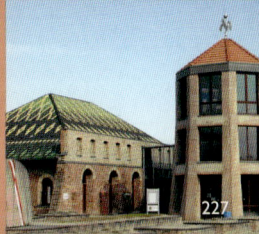

Der Ringofen.

## Infos

■ ***Ziegeleimuseum Jockgrim,***
*Untere Buchstraße 26, 76751 Jockgrim, ✆ 07271/52895, @ rathaus@jockgrim.de, www.jockgrim.de, ⏲ So 14 – 16 Uhr, jederzeit nach Voranmeldung (► Foto rechts).*

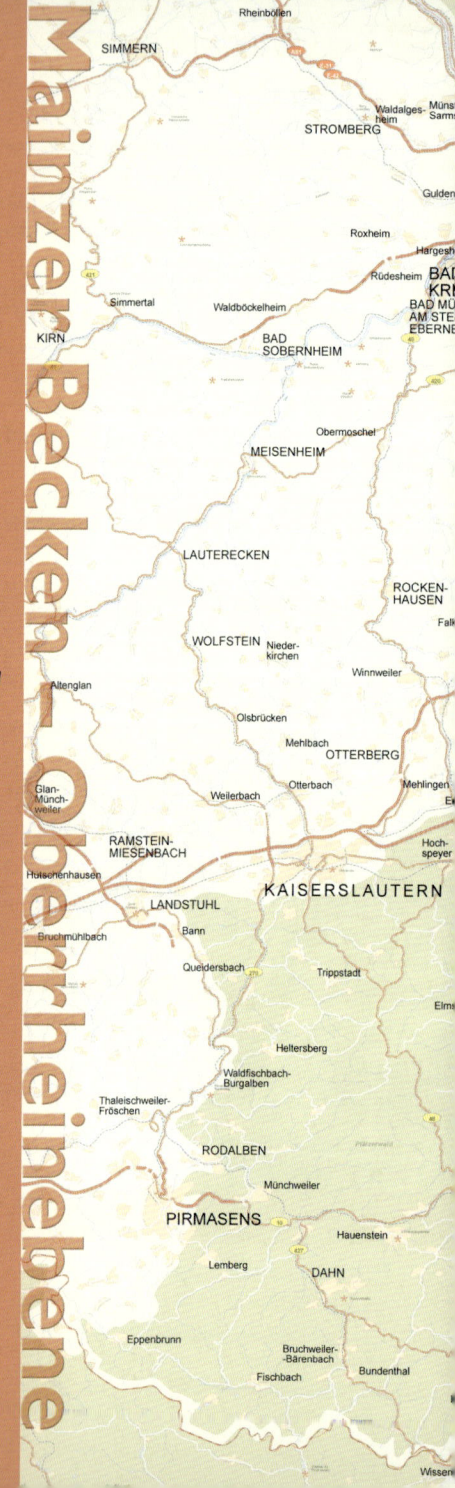

# 💎 19 Schätze des Landes

▶ **4 Wanderungen**

▶ **7 Museen**

▶ **8 Naturdenkmäler**

## *INFOS*

■ *Touristik Centrale Mainz*

*Brückenturm am Rathaus*
*55116 Mainz,* 📞 *06131/28621-0*
📠 *06131/28621-55*
@ *tourist@info-mainz.de*
*www.info-mainz.de/tourist*
*www.mainz.de*
🕐 *Mo – Fr: 9 – 18 Uhr*
*Sa: 10 – 15 Uhr*

■ *Rheinhessen-Touristik GmbH*

*Wilhelm-Leuschner-Str. 44*
*55218 Ingelheim am Rhein*
📞 *01632/44170*
📠 *01632/441744*
@ *info@rheinhessen.info*
🕐 *Mo – Fr: 9 – 17 Uhr*

■ *Tourist-Information Alzey*

*Antoniterstraße 41*
*55232 Alzey,* 📞 *06731/499364*
📠 *06731/990885*
@ *Touristinfo@alzey.de*
🕐 *Di – So: 10 – 12 Uhr*
*und 14 – 16:30 Uhr*

■ *Touristik-Gemeinschaft*
*Baden-Elsass-Pfalz e.V.,*

*Haus der Region,*
*Baumeisterstraße 2*
*76137 Karlsruhe*
📞 *0721/35502-0*
📠 *0721/35502-22*
@ *rvmo@region-karlsruhe.de*
*www.region-karlsruhe.de*

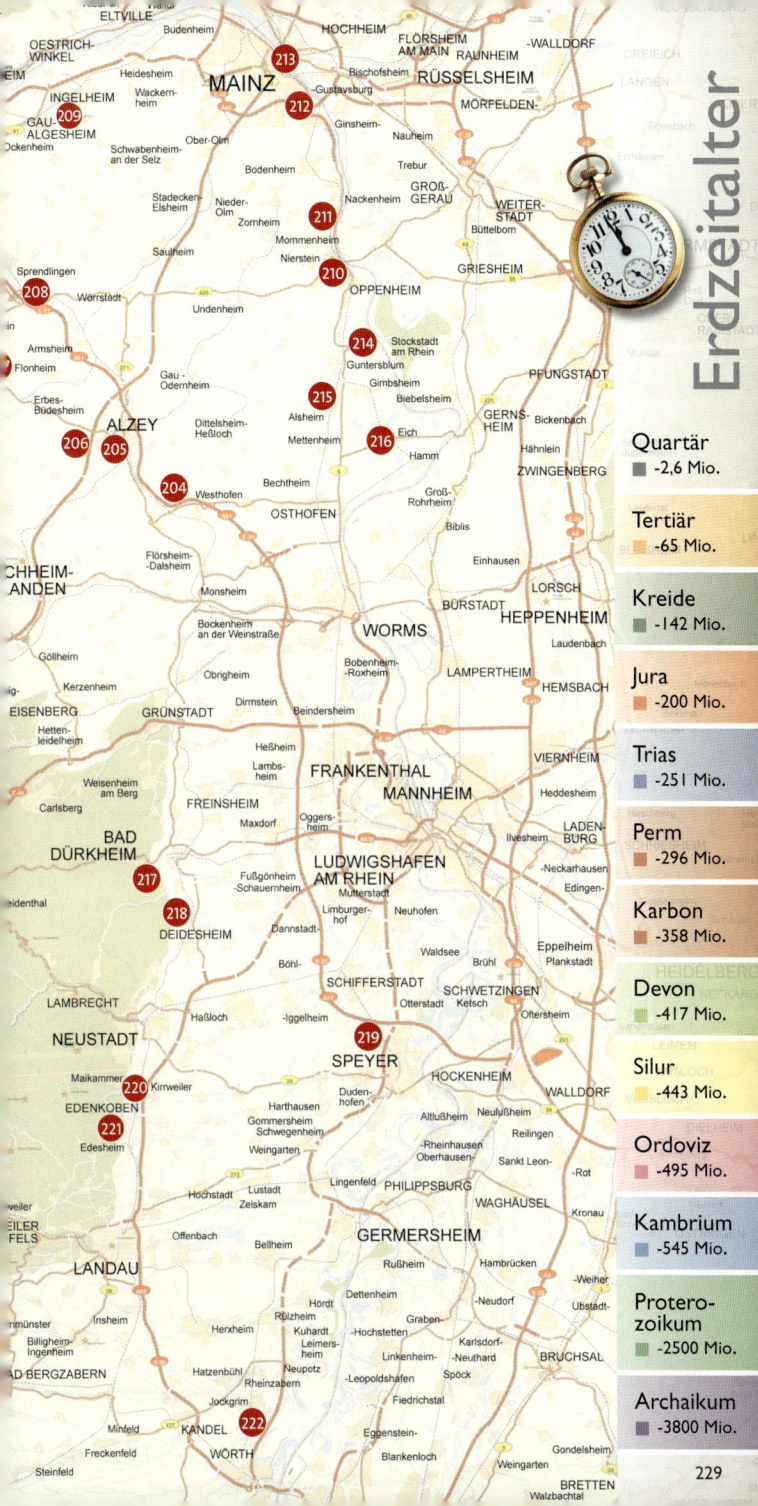

Quartär
-2,6 Mio.

Tertiär
-65 Mio.

Kreide
-142 Mio.

Jura
-200 Mio.

Trias
-251 Mio.

Perm
-296 Mio.

Karbon
-358 Mio.

Devon
-417 Mio.

Silur
-443 Mio.

Ordoviz
-495 Mio.

Kambrium
-545 Mio.

Protero-
zoikum
-2500 Mio.

Archaikum
-3800 Mio.

# LEXIKON

**Achat**
Gebänderte mikrokristalline Varietät des Minerals Quarz. Wird als Schmuckstein verwendet

**Ammonit**
Schwimmendes Meerestier; Kopffüßer mit äußerer, meist spiralig gewundener, gekammerter Kalkschale, dem heutigen Nautilus verwandt

**Andesit**
Basaltähnliches vulkanisches Gestein, mit größerem Anteil Kieselsäure ($SiO_2$) als Basalt

**Arid**
Trockenklima; die Verdunstung ist höher als der Niederschlag

**Biotit**
Schwarzbräunliches blättchenförmiges Magnesium-Eisen-Glimmermineral in magmatischen und metamorphen Gesteinen

**Brachiopode**
Fest sitzendes, muschelähnliches Meerestier; Artenreichtum im Erdaltertum

**Brekzie**
Verfestigtes Trümmergestein aus eckigen Komponenten

**Dachschiefer**
Schwach metamorph umgewandeltes Tongestein mit besonders guter Spaltbarkeit infolge engständiger Schieferung

| | |
|---|---|
| **Dinotherium** | Ausgestorbenes, bis 5 m großes elefantenähnliches Rüsseltier der Tertiärzeit |
| **Diskordanz** | Winklig zueinander liegende, aufeinander folgende Schichten |
| **Dolomit** | Kalzium-Magnesiumkarbonat-Mineral, oft gesteinsbildend |
| **Eruption** | Ausstoß von Lava, Gestein, Gasen und Aschen bei einem Vulkanausbruch oder das Auswerfen von Wasser bei einem Geysir |
| **Erz** | Natürlich vorkommendes Mineral oder Mineralgemisch, aus dem durch Bearbeitung wirtschaftlich Wertbestandteile extrahiert werden können (wie Metalle) |
| **Erzgang** | Mit Erz- und anderen Mineralen ausgefüllte Spalte im Gestein |
| **Foraminifere** | Winziger einzelliger Meeresbewohner mit gekammertem, meist kalkigem Gehäuse |
| **Geothermie** | Sowohl Wissenschaft von der Temperaturverteilung im Erdkörper (mit zunehmender Tiefe steigt die Temperatur an) als auch die Technik zur Nutzung der Erdwärme als regenerative Energie |
| **Glimmer** | Gesteinsbildende silikatische Minerale mit ausgeprägten blättchenförmigen Schichtebenen; z. B. Biotit, Muskovit |
| **Graben** | Eine infolge Dehnung der Erdkruste an parallel zueinander verlaufenden Verwerfungen gegenüber ihrer Umgebung eingesunkene Scholle |
| **Grauwacke** | Sandstein mit (unaufgearbeiteten) Gesteinsbruchstücken und tonreicher Grundmasse |
| **Granit** | Verbreitetes magmatisches Tiefengestein der Erdkruste, überwiegend aus den Mineralen Feldspat, Quarz und Glimmer bestehend; Granit gehört zu den „sauren", d. h. kieselsäurereichen Magmatiten |

# LEXIKON

**Grundgebirge**    Älteste Gesteine der Erdkruste der Kontinente,
aus metamorph veränderten Gesteinen; in Mitteleuropa
im Bereich der variskischen Gebirgsbildung (heutige
Mittelgebirge) verbreitet

**Hydrothermale**    Gas- und mineralstoffhaltige heiße, wässrige
**Lösung**    Lösung aus tieferen Bereichen der Erdkruste

**Intrusion**    Eindringen von Magma in vorhandene Gesteine

**Karbonate**    Auch Carbonate; Salze der Kohlensäure, die das Anion
$CO_3^{2-}$ enthalten. Calciumkarbonat (Calcit, Aragonit
► Foto unten) und Calcium-Magnesiumkarbonat
(Dolomit) bilden Karbonatgesteine (z. B. Kalkstein).

**Konglomerat**    Grobkörniges Trümmergestein, dessen Komponenten
deutlich gerundet sind (= Gerölle)

**Maar**    Trichterförmige vulkanische Hohlform, durch
wasserbeeinflusste explosive Eruption aus dem
umgebenden Gestein herausgesprengt; häufig mit Wasser
gefüllt (= Maarsee)

**Mächtigkeit**    Dicke einer Gesteinsschicht oder eines Erzganges

| | |
|---|---|
| **Magmatit** | Aus heißer glutflüssiger Schmelze (= Magma) entstandenes Gestein; man unterscheidet „saure" Magmatite mit hohem von „basischen" mit niedrigem $SiO_2$-Gehalt |
| **Marmor** | Metamorphes Karbonatgestein |
| **Mergel** | Feinkörniges Sedimentgestein aus Kalk und Ton |
| **Metamorphose** | Gesteinsumwandlung infolge von Druck- und Temperaturveränderungen in der Erdkruste; ursprüngliches Gefüge und Mineralbestand werden dabei verändert |
| **Olivin** | Magnesium-Eisen-Silikatmineral von meist grüner Farbe in magmatischen und seltener metamorphen Gesteinen |

| | |
|---|---|
| **Paläontologe** | Wissenschaftler, der sich mit der Untersuchung der vorzeitlichen Tier- und Pflanzenwelt beschäftigt. |
| **Phyllit** | Dünnschiefriges, metamorph umgewandeltes Tongestein mit hohem feinschuppigem Glimmer-Anteil und daher seidigem Glanz |
| **Pinge** | Ursprünglich einer Schurf oder trichterförmige tagebauartige Abbaustelle, später auf durch historische Bergbautätigkeit entstandene Einbruchsstrukturen an der Erdoberfläche übertragen |
| **Plattentektonik** | Zentrale wissenschaftliche Theorie für die großräumigen Abläufe in Erdkruste und oberem Erdmantel in der Erdgeschichte |

# LEXIKON

**Plutonit**  Magmatisches, tief unter der Erdoberfläche langsam erstarrendes (auskristallisierendes) Gestein, auch Tiefengestein genannt.

**Pyroxene**  Gruppe von Silikatmineralen, meist in kieselsäureärmeren („basischen") magmatischen Gesteinen wie Basalt bzw. Gabbro und im oberen Erdmantel

**Quarzit**  Metamorph umgewandeltes Sedimentgestein aus vorherrschend eng verzahnten Körnern des Minerals Quarz

**Rennofen**  Historischer Schachtofen zur Eisen-Gewinnung aus Eisenerz

**Rhyolith**  Helles, „saures" vulkanisches Gestein granitischer Zusammensetzung

**Rutschung**  Massenbewegung von Gesteinen an natürlichen Hängen oder Böschungen

**Saurier**  Informelle Bezeichnung für ausgestorbene Amphibien und Reptilien (z. B. Dinosaurier, Branchiosaurier usw.)

**Schelf**  Der vom Meer überflutete flache Saum der Kontinente bis etwa 200 m Wassertiefe

**Schiefer**  Metamorph umgewandeltes Sedimentgestein mit eingeregelten Glimmer-Mineralen, welche die gute Spaltbarkeit der Schiefer bedingen

**Sediment**  Ablagerungsgestein, meist durch Wasser, Wind oder Gletscher erzeugt

**Tektonik**  Lehre vom Bau der Erdkruste sowie den in ihr ablaufenden Bewegungen und dabei wirksamen Kräften

**Ton**  Feinkörniges Sediment (Korngröße unter 0,002 mm)

**Trachyt**  Helles vulkanisches Gestein mit mittlerem $SiO_2$-Gehalt

**Trilobit**  Krebsähnliches ausgestorbenes Meerestier aus dem Erdaltertum, mit dreigegliedertem Rückenpanzer

| | |
|---|---|
| **Tropfstein** | Besondere Form der Kalkablagerung in Höhlen: von der Decke hängende Stalaktiten und vom Boden nach oben wachsende Stalagmiten; mit flächig auftretendem Travertin verwandt |

| | |
|---|---|
| **Tuff** | Gestein aus verfestigten vulkanischen Lockerprodukten (Asche, Bims, Blöcke) |
| **variskisch** | Bezeichnung für Gebirgsbildung in großen Teilen Mitteleuropas mit Höhepunkt in der Karbon-Zeit, während der u. a. das Rheinische Schiefergebirge entstand |
| **Verwerfung** | Sowohl die tektonische Bewegungsfläche selbst als auch der Vorgang der Verschiebung von Gesteinspaketen an ihr (Verwerfung = Störung) |
| **Vulkanit** | Magmatisches, rasch an oder nahe der Erdoberfläche erstarrendes Gestein |

# REGISTER

# BURG NIDEGGEN

**e**ine Reise ins Gestern und Heute...
Die Burg blickt auf eine bewegte Geschichte zurück
und ist damit ein einzigartiges Kulturdenkmal für die
Geschichte des Mittelalters im Rheinland und in der
Eifel. Burg Nideggen wurde im 12. Jahrhundert als Wohnsitz
der Grafen von Jülich erbaut.

Nachdem der Bergfried als erstes Gebäude der Burg zwischen
1177 und 1190 fertig gestellt wurde, folgten das Haupttor, die
Wehrmauer, der Brunnen sowie der doppelstöckige Palas. Seit
der ersten Zerstörung 1542 durch Kaiser Karl V. wurde die
Burg Opfer weiterer Angriffe und Erdbeben. Der Bergfried
beherbergt seit 1979 das Burgenmuseum.

## Das Burgenmuseum Nideggen

Willkommen zu Ihrer Entdeckungstour in das Mittelalter: In
den Ausstellungsräumen gehen Sie auf Kultur- und Zeitreise
in die Welt des mittelalterlichen Burgalltags und erleben das
Rittertum sowie die Wirtschaftskultur des Mittelalters im
authentischen Umfeld: Im Verlies hört man, welches Schicksal
die Gefangenen der Burg Nideggen ereilt hat. In einer 9 qm
großen, multimedialen Präsentation wird man Teilnehmer/in
des Burglebens und ist hautnah bei der Zerstörung der
Burg dabei. Das Burgenmuseum bietet ein umfangreiches
Veranstaltungsprogramm sowie Workshops und Führungen für
Schulklassen

Öffnungszeiten: Dienstag – Sonntag von 10.00 – 16.30 Uhr.
Telefon/Fax 02427-6340. E-Mail: burgenmuseum@rheinlandkultur.de.
Träger der Burg Nideggen und des Burgenmuseums ist der Kreis Düren.

# REGISTER

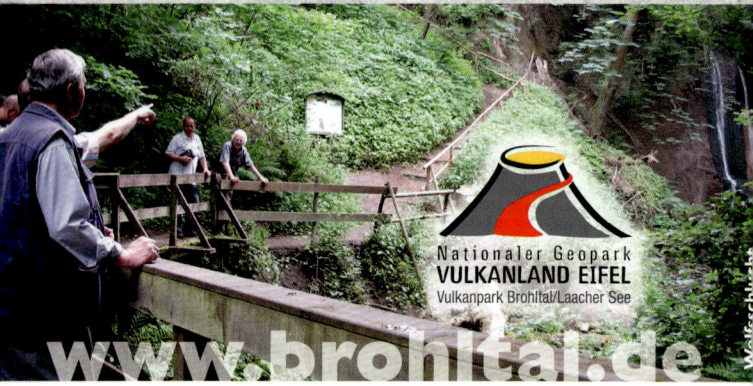

Nationaler Geopark
**VULKANLAND EIFEL**
Vulkanpark Brohltal/Laacher See

www.brohltal.de

## Erleben Sie den Vulkanpark Brohltal/Laacher See

- Besuch der Burg Olbrück mit mittelalterlicher Führung, Rittermahl,

- Animationsprogramm: Hufeisenwerfen, Bogenschießen, Burg-Ralley etc.

- Reservierung von Fahrten mit der historischen Schmalspureisenbahn: Vulkan-Expreß

- Maria Laach: Abteikirche, Laacher See, Info-Zentrum, Naturkundemuseum

- Tuffsteinzentrum Weibern: Steinmetzvorführungen, -kurse oder Wanderungen

- Geführte Wandertouren mit deftigem Eifeler Picknick uvm.

**Tourist Information Brohltal**, Info-Zentrum Vulkanpark Brohltal/Laacher See, Kapellenstr. 12,
56651 Niederzissen, Tel. 02636-19433, Fax: 02636-80146, e-mail: tourist@brohltal.de

## Willkommen im
## ersten Haus im Welterbe
## „Oberes Mittelrheintal"

DIEHL's Hotel liegt vis à vis der
Koblenzer Altstadt unterhalb der
Festung EHRENBREITSTEIN
direkt am Rhein & Rheinsteig.
Seit 87 Jahren im Besitz der Familie Diehl
zählt das 4-Sterne-Hotel heute zu den
führenden Adressen am Rhein!
• 57 Rheinblick-Zimmer (inkl. 4 Suiten)
• Rhein-Restaurant „ClemenS" mit
internationalen und regionalen Speisen
• Über 100 Rhein-, Mosel und Ahrweine
• Rheinterrasse • Hotelbar
• Schwimmbad • Sauna • Massage

## Schauen Sie doch mal
## bei uns R(h)ein!

## RHEINSTEIG a-la-carte
### ab € 199,00
2 Ü/F im DZ/Standard,
2 x Lunchpakete
1 x 3-Gang-Abendessen im Hotel,
Winzervesper beim Weinhaus Wagner,
Schwimmbadnutzung, Eintritt Festung
Gepäcktransfer zur nächsten Unterkunft
(maximal 30 km)

**Infos und
Reservierung:**
DIEHL`s-HOTEL
Rheinsteigufer 1
56077 Koblenz
Tel.: 0261-9707-0
Fax: 0261-9707-213
www.diehls-hotel.de
Info@diehls-hotel.de

# REGISTER

## Andernach

*Wo der Rhein die Eifel trifft …*

*Mit **Blick** auf die benachbarten Weinberge entlang des Rheins spazieren, den Wind, die Sonne auf der Haut spüren.*

*Die Baudenkmäler aus einer über 2000-jährigen Geschichte in der Kulisse von **Rhein**, Burgen und Historischer Altstadt bestaunen.*

*Gemeinsam Feste feiern, rheinische **Gastlichkeit** genießen und sich als Gast willkommen fühlen.*

*Aktuelle **Infos**, Prospekte, Reservierungen und vieles mehr erhalten Sie bei uns.*

Andernach.net
stadtmarketing·wirtschaft·tourismus

**Tourist Information Andernach.net**

Tel. 0 26 32 - 29 84 20
Fax 0 26 32 - 29 84 40

www.andernach.net
info@andernach.net

Läufstraße 4
56626 Andernach

zeitgleich.com

# LITERATUR

I. Eschghi, W. Kasig & Ch. Laschet (2000): Zur Geologie, Fauna und Flora der Verbandsgemeinde Hillesheim. Begleitbuch zum GEO-Pfad. 226 S., zahlreiche Illustrationen, Hillesheim/Vulkaneifel.

Wolfram Frost (1999): Geotope in Rheinland-Pfalz. Poster mit Begleitheft, 35 S., Landesamt für Geologie und Bergbau Rheinland-Pfalz, Mainz.

GEO Zentrum Vulkaneifel & Landkreis Daun (Hrsg., 2002): GEO-Infoband Vulkaneifel: GEO Zentrum Vulkaneifel und Eifel-Vulkanmuseum als Haus der geowissenschaftlichen Öffentlichkeitsarbeit. 2. Auflage, 218 S., zahlreiche Illustrationen, Kartenbeilage, Daun. ISBN-13: 978-3-00-004615-5

Landesamt für Geologie und Bergbau Rheinland-Pfalz (Hrsg., 2005): Steinland-Pfalz – Geologie und Erdgeschichte von Rheinland-Pfalz. 2. Auflage, 68 S., zahlreiche Illustrationen, Zabern-Verlag, Mainz. ISBN-13: 978-3-8053-3094-7

Landesamt für Geologie und Bergbau Rheinland-Pfalz (Hrsg., 2005): Geologie von Rheinland-Pfalz. 400 S., zahlreiche Illustrationen, Schweizerbart'sche Verlagsbuchhandlung, Stuttgart. ISBN-13: 978-3-510-65215-0

Landesamt für Vermessung und Geobasisinformation & Landesamt für Geologie und Bergbau Rheinland-Pfalz & Nationaler Geopark Vulkanland Eifel (Hrsg., 2005): Geotouristische Karte Nationaler Geopark Vulkanland Eifel 1: 100.000. Koblenz, Mainz.

Wolfgang Blum & Wilhelm Meyer (2006): Deutsche Vulkanstraße – 280 erlebnisreiche Kilometer im Vulkanland Eifel. 244 S., Görres-Verlag, Koblenz. ISBN-13: 978-3-935690-53-9

Wolfgang Martin (1992): Geologische Wanderkarte von Rheinland-Pfalz. 59 S., Kartenbeilage, Naturhistorisches Museum, Mainz.

Wilhelm Meyer & Johannes Stets (2000): Geologische Übersichtskarte und Profil des Mittelrheintales 1: 100.000 mit Erläuterungen, 49 S., Landesamt für Geologie und Bergbau Rheinland-Pfalz, Mainz.

Wilhelm Meyer (2002): Geologischer Führer zum Geo-Pfad „Vulkanpark Brohltal/Laacher See". 125 S., zahlreiche Illustrationen, 1 Kartenbeilage. Görres-Verlag, Koblenz. ISBN-13: 978-3-920388-35-9

Christof Poser & Herbert Lutz (2004): Mineralien aus Rheinland-Pfalz. 80 S., zahlreiche Illustrationen, Landessammlung für Naturkunde, Mainz.

Karlheinz Rothausen & Volker Sonne (1997): Mainzer Becken. 203 S., zahlreiche Illustrationen, unveränderter Nachdruck der Ausgabe von 1984, Sammlung geologischer Führer, Band 79, Borntraeger-Verlag, Stuttgart. ISBN-13: 978-3-443-15043-3

Hans Walling (2006): Der Erzbergbau in der Pfalz. 228 S., zahlreiche Illustrationen, Landesamt für Geologie und Bergbau Rheinland-Pfalz, Mainz. ISBN-13: 978-3-00-017820-7

Weitere Hinweise zu rheinland-pfälzischer geologischer Literatur erhalten Sie in der Rheinland-Pfälzischen Bibliographie (www.rlb.de) oder beim Landesamt für Geologie und Bergbau Rheinland-Pfalz, Mainz (www.lgb-rlp.de; vertrieb@lgb-rlp.de).

# BILDNACHWEIS